Egbert Deekeling · Dirk Barghop
(Hrsg.)

Kommunikation in der digitalen Transformation

Springer Gabler

Herausgeber
Egbert Deekeling
Deekeling Arndt Advisors
in Communications GmbH
Düsseldorf, Deutschland

Dirk Barghop
Deekeling Arndt Advisors
in Communications GmbH
Düsseldorf, Deutschland

ISBN 978-3-658-17629-7 ISBN 978-3-658-17630-3 (eBook)
DOI 10.1007/978-3-658-17630-3

Die Deutsche Nationalbibliothek verzeichnet diese Publikation in der Deutschen Nationalbibliografie; detaillierte bibliografische Daten sind im Internet über http://dnb.d-nb.de abrufbar.

Springer Gabler

Gedruckt auf säurefreiem und chlorfrei gebleichtem Papier

Springer Gabler ist Teil von Springer Nature
Die eingetragene Gesellschaft ist Springer Fachmedien Wiesbaden GmbH
Die Anschrift der Gesellschaft ist: Abraham-Lincoln-Str. 46, 65189 Wiesbaden, Germany

Inhaltsverzeichnis

Einleitung

1

Egbert Deekeling und Dirk Barghop

Zusammenfassung

Die digitale Transformation ist ein strategisches Thema ersten Ranges und steht ganz oben auf der CEO-Agenda. Das verleiht auch der Kommunikation eine neue und besondere Relevanz. Für den Erfolg der digitalen Transformation hat sie eine wichtige gestaltende Rolle zu übernehmen. Die Beiträge dieses Buches zeigen, vor welchen Herausforderungen die Kommunikation steht und was ihre wichtigsten Aufgaben sind. Vertreter aus Unternehmen und Institutionen verschiedener Branchen sowie aus Beratungsgesellschaften beleuchten das Thema aus unterschiedlichen Perspektiven und schildern ihre Erfahrungen und ‚Learnings'. Das Buch will damit Impulse setzen und zum Austausch über ein erneuertes Selbstverständnis der Kommunikation anregen.

Digitale Transformation ist eines der bestimmenden Management-Themen unserer Zeit. Es vergeht keine Woche, in der nicht über Segen und Fluch der Digitalisierung und ihrer Auswirkungen auf Branchen, Unternehmen und Kunden berichtet und leidenschaftlich gestritten wird – sei es in den Wirtschaftsmedien, in den großen Tageszeitungen oder auf Online-Plattformen. Unabhängig von Euphorie, Skepsis oder Angstmacherei ist unstrittig, dass Themen wie Industrie 4.0, digitale Vernetzung oder Big Data zu tief greifenden Einschnitten im wirtschaftlichen und gesellschaftlichen Leben führen. Disruption ist dafür das gängige Schlagwort.

E. Deekeling (✉) · D. Barghop
Deekeling Arndt Advisors in Communications GmbH, Düsseldorf, Deutschland
E-Mail: egbert.deekeling@deekeling-arndt.de

D. Barghop
E-Mail: dirk.barghop@deekeling-arndt.de

E. Deekeling und D. Barghop (Hrsg.), *Kommunikation in der digitalen Transformation,* DOI 10.1007/978-3-658-17630-3_1

Das hat auch Auswirkungen auf die Management-Agenda von Unternehmen (fast) aller Branchen: Sie wird zunehmend von der Frage dominiert, wie auf diese Herausforderung zu antworten ist und wie die digitale Transformation im eigenen Unternehmen zu gestalten ist. Bisherige Geschäftsmodelle müssen überdacht und erneuert werden. Kleine Veränderungen am Bestehenden und Optimierung reichen dafür nicht aus. Inzwischen gibt es eine unüberschaubar gewordene Management-Literatur, die neue und kreative Verfahren anpreist, um Unternehmen fit für die digitale Zukunft zu machen. Es geht um Geschäftsmodellinnovationen, um agile Unternehmensstrukturen, um die Adaption einer ‚exponentiellen' Start-up-Geschäftskultur. Die Liste lässt sich beliebig verlängern.

Was dabei aber auffällig ist: Kommunikation kommt auf dieser Liste nicht vor. Die Kommunikation von digitaler Transformation führt bisher als Management-Thema ein Schattendasein mit marginaler Bedeutung. Ihre Aufgabe, so der Eindruck, erschöpft sich vor allem in eingeübten Routinen zur Vermittlung von Kernbotschaften. Während sich die Welt vor dem Hintergrund der digitalen Transformation radikal verändert, scheint in der Welt der Kommunikation alles beim Alten zu bleiben.

Ist dem wirklich so? Oder steht nicht auch die Kommunikation vor neuen Herausforderungen? Was ist ihre Bedeutung und Rolle in der digitalen Transformation? Wo und wie muss sie sich dabei selbst verändern?

In dem vorliegenden Sammelband wollen wir diesen Fragen nachgehen. Als Experten für Kommunikation in Veränderungsprozessen haben wir über 20 Jahre hinweg regelmäßig Bücher zur Entwicklung und zum Stand dieser Disziplin in Deutschland veröffentlicht. In den letzten Jahren haben wir aber im Rahmen von Mandaten oder Gesprächen mit unseren Klienten zunehmend beobachtet, dass die alten Gewissheiten der Change-Kommunikation und des Change-Managements nicht ohne Weiteres auch für die digitale Transformation gelten.

Denn: Die digitale Transformation ist – im Gegensatz zu den effizienzgetriebenen Veränderungsprozessen in den letzten beiden Dekaden – ein weitgehend ergebnisoffener Prozess, der das gesamte Geschäftsmodell betrifft. Sie umfasst gleichermaßen Strukturen, Prozesse, Leistungsangebote und Geschäftskultur und dient dem Ziel, neue Existenzgrundlagen des Unternehmens zu schaffen, die seine Wettbewerbsfähigkeit und seinen Markterfolg in der digitalen Welt sicherstellen sollen. Die digitale Transformation ist ein strategisches Thema ersten Ranges und steht an erster Stelle der CEO-Agenda.

Nach Jahren einer HR-getriebenen Routinisierung von Change-Management erhält damit auch die Kommunikation von Transformation wieder CEO-Beachtung und -Befassung. Für die Unternehmenskommunikation ist das eine ungeahnte Chance. Denn die Durchschlagskraft bei der kommunikativen Gestaltung und Steuerung von digitalen Transformationsprozessen erhöht sich dadurch signifikant. Dabei geht es vor allem darum, den Such- und Lernprozess des Unternehmens nachvollziehbar zu machen und damit Akzeptanz sicherzustellen. Und es geht darum, Denkblockaden zu durchbrechen, Denkanstöße zu geben, Widerspruch zuzulassen, Räume für Neues zu schaffen und Erneuerung erlebbar zu machen. Diese Aufgaben müssen übernommen werden, weil ihre Bewältigung über den Erfolg oder Misserfolg der digitalen Transformation entscheidet.

Nach unseren Beobachtungen nimmt die Unternehmenskommunikation ihre gestaltende Rolle aber nur zögerlich an; die Digitalisierung der Kommunikation allein reicht dafür nicht aus.

Es ist also an der Zeit, die Anforderungen an die Kommunikation unter den veränderten Vorzeichen der digitalen Transformation neu zu reflektieren – und zwar jenseits des allgemeinen Hypes auf der einen Seite und einer angstbesetzten Thematisierung digitaler Technologie auf der anderen Seite. Wir sind überzeugt, dass sich nur mit dieser Haltung relevante Schlussfolgerungen für eine pragmatische und realitätsbezogene Kommunikation ziehen lassen.

Genauso wichtig ist es uns, den Kommunikationsprozess klar vom eigentlichen Transformationsprozess zu unterscheiden. Bei vielen Innovations- und Transformationsberatungen werden beide Prozesse vermischt und nicht auseinandergehalten. Das verstellt aber den Blick auf die besondere Bedeutung und die gestaltende Rolle der Kommunikation. Kommunikation ist hier Teil von Design Thinking oder Ähnlichem; die großen Verständnis- und Verständigungsaufgaben, die unabhängig davon im Rahmen der digitalen Transformation zu bewältigen sind, bleiben davon völlig unberührt.

Unsere Beobachtungen und Thesen wollen wir in diesem Sammelband zur Diskussion stellen. Dabei war es uns ein wichtiges Anliegen, das Thema Kommunikation in der digitalen Transformation unter ganz unterschiedlichen Perspektiven zu beleuchten. Deswegen haben wir auch Vertreter aus Unternehmen und Institutionen verschiedener Branchen sowie aus Beratungsgesellschaften gebeten, ihre Erfahrungen zu schildern und in das Buch einzubringen.

In diesem Sinne ist unser Sammelband eine Art Statusbericht und ‚Lernstand'. Wir verstehen ihn als Impulsgeber und nicht als wissenschaftliches Werk. Er soll eher essayhaft und ohne Anspruch auf Vollständigkeit wichtige Denkanstöße geben sowie zur Reflexion und zum Austausch der eigenen Erfahrungen anregen. Daher richtet sich unser Buch gerade auch an diejenigen, die ihre Erfahrungen und ihren ‚Lernprozess' teilen wollen – egal, ob als Executive, als Verantwortlicher aus der Unternehmenskommunikation, Human Resources oder dem Innovationsmanagement.

Die einzelnen Beiträge haben wir in insgesamt fünf große Kapitel zusammengefasst, die die wichtigsten Eckpunkte für die Gestaltung von Kommunikation in der digitalen Transformation wiedergeben. Zunächst werden in einem einführenden Kapitel anhand des Schlagworts Disruption das neue Prozessmuster der digitalen Transformation und der Unterschied zu herkömmlichen Change-Prozessen beschrieben, um daraus die zentralen Anforderungen und Veränderungen an die Kommunikation abzuleiten. Die folgenden drei Kapitel umfassen dann die Anforderungen an die CEO-Kommunikation, die Rolle der Unternehmenskommunikation sowie den Beitrag der Kommunikation zur Transformation der Unternehmens- und Prozesskultur. Den Abschluss bilden Reflexionen zur Gestaltung der Unternehmensmarke, die durch den hohen Stellenwert der Kundenzentrierung eine neue Relevanz auch für die Kommunikation bekommt.

Wir danken allen, die am Zustandekommen des Buches beteiligt waren. Unser Dank gilt in erster Linie dem Engagement aller Autorinnen und Autoren, die uns einen Beitrag für diesen Sammelband zur Verfügung gestellt haben. Es war sicherlich nicht immer einfach, quasi mitten im Erfahrungsprozess stehend einen Beitrag zu verfassen. Zum Buchteam bei Deekeling Arndt Advisors gehörten zwei Kolleginnen, die uns Herausgeber auf vielfältige Weise unterstützt haben: Wir danken unserer Kollegin Dr. Christina Afting für viele Impulse, die sie gegeben hat; sie hat nicht nur Kontakte zu verschiedenen Autorinnen und Autoren hergestellt und deren Beiträge redaktionell betreut, sondern auch bei der inhaltlichen Konzeption des Bandes und bei zahlreichen Buchmeetings mitgewirkt. Unser besonderer Dank gilt unserer Kollegin Dr. Bärbel Götz-Barghop, die – wie schon bei vielen anderen Büchern, die wir verfasst oder herausgegeben haben – den Band als Projektleiterin mit großer Leidenschaft und Professionalität vorangetrieben hat. Sie hat uns von der inhaltlichen Konzeption über die Autorenbetreuung bis hin zu den Verlagsverhandlungen unterstützt und war verantwortlich für die Erstellung des Gesamtmanuskripts, die Schlussredaktion und das Lektorat.

Uns war es ein wichtiges Anliegen, dass wir die Beiträge zur Kommunikation in der digitalen Transformation in Buchform herausgeben können. Wir freuen uns, dass wir mit Springer Gabler einen Verlag gewinnen konnten, der sofort begeistert davon war, dieses Buch mit uns zu realisieren. Besonders freut uns, dass der Verlag die Inhalte des Sammelbandes – dem Thema angemessen – gleichzeitig auch über verschiedene Online-Kanäle in der digitalen Welt zur Verfügung stellt. Wir danken unseren beiden Lektorinnen, Eva-Maria Fürst und Ann-Kristin Wiegmann, für all ihre Unterstützung und die Begleitung des Buchprojektes in den verschiedenen Phasen des Entstehungsprozesses.

Über die Autoren

Egbert Deekeling, Deekeling Arndt Advisors in Communications GmbH, gilt in Deutschland als einer der führenden Experten für Transformations- und Erneuerungsprozesse. Der Gründer und Senior Partner der international tätigen strategischen Kommunikationsberatung (www.deekeling-arndt.de) ist heute vor allem gefragt bei der persönlichen Unterstützung und Beratung von (Top-) Executives und Kommunikationsverantwortlichen. Er ist Autor und Mitherausgeber zahlreicher Bücher und Beiträge zu den Themen CEO- und Veränderungskommunikation. Der Diplom-Soziologe spricht zu diesen Themen an Hochschulen, auf Führungskräfteveranstaltungen und vor Aufsichtsratsgremien.

Dr. Dirk Barghop, Deekeling Arndt Advisors in Communications GmbH, ist Senior Partner der Kommunikationsberatung (www.deekeling-arndt.de), die zu den führenden in Deutschland zählt. Er berät Unternehmen in hochkomplexen (digitalen) Transformations- und Erneuerungsprozessen. Seine Arbeitsschwerpunkte liegen in der Strategievermittlung und in der Gestaltung von Führungskommunikation. Dirk Barghop promovierte in Historischer Anthropologie mit einer Arbeit über die Kommunikation der Führungseliten im antiken Rom. Er ist Mitherausgeber des Buches *Kommunikation im Corporate Change. Maßstäbe für eine neue Managementpraxis* (Gabler 2009).

Herausforderung Disruption: Konsequenzen und Erfolgsfaktoren für die Kommunikation

2

Dirk Barghop, Egbert Deekeling und Dieter Schweer

Zusammenfassung

Wo auch immer über digitale Transformation geschrieben und gesprochen wird, ist schnell von der disruptiven Wirkung als eines ihrer herausragenden Merkmale die Rede. Dieses Schlagwort verweist auf die radikale und umfassende Dimension der Transformation. Doch worin genau äußert sich diese neue Qualität? Und was unterscheidet sie von klassischen Change-Prozessen? In diesem Kapitel gehen die beiden Herausgeber, Egbert Deekeling und Dirk Barghop, diesen Fragen nach, um daraus die wichtigsten Anforderungen an die Kommunikation in der digitalen Transformation abzuleiten. Anhand von zehn Geboten fasst Egbert Deekeling kompakt zusammen, worin ihre neue Bedeutung liegt und was dabei ihr Aufgabenspektrum ausmacht. In einem abschließenden Essay beschäftigt sich Dieter Schweer anhand von drei Thesen mit dem Thema Industrie 4.0. Als langjähriges Mitglied der Hauptgeschäftsführung des BDI hat er einen tiefen Einblick gewinnen können, was die wichtigsten Herausforderungen für die Unternehmenskommunikation in der neuen Welt der Industrie 4.0 sind.

D. Barghop (✉) · E. Deekeling
Deekeling Arndt Advisors in Communications GmbH, Düsseldorf, Deutschland
E-Mail: dirk.barghop@deekeling-arndt.de

E. Deekeling
E-Mail: egbert.deekeling@deekeling-arndt.de

D. Schweer
Think Tank DialogGesellschaft e. V., Berlin, Deutschland
E-Mail: d.schweer@dialoggesellschaft.de

E. Deekeling und D. Barghop (Hrsg.), *Kommunikation in der digitalen Transformation,* DOI 10.1007/978-3-658-17630-3_2

2.1 Das neue Prozessmuster der digitalen Transformation

Egbert Deekeling und Dirk Barghop

Veränderungsprozesse sind längst gewohnte Routine im Unternehmensalltag. Praktisch ohne Unterlass wird am bestehenden Geschäftsmodell gefeilt. Strukturen straffen, Prozesse optimieren, Bereiche ausgliedern, die Organisation zentralisieren oder dezentralisieren: Alles das dient vor allem dem Ziel, das Unternehmen effizienter, schlagkräftiger und profitabler zu machen, um den wachsenden Ansprüchen der Kapitalmärkte gerecht zu werden. Es gilt das olympische Motto „schneller, höher, weiter". Quartal für Quartal stellt sich die Frage: Liefern wir die angekündigten Ergebnisse – und erfüllen wir damit die Erwartungen unserer Aktionäre? Bleiben die Ergebnisse aus und sind Investoren enttäuscht, drohen das nächste Fitnessprogramm und der nächste Veränderungsprozess.

Der wird dann planmäßig auf- und umgesetzt: Change-Management ist inzwischen ein gängiger Unternehmensstandard. Zunächst die Projektorganisation mit Steering Committee, Projektmanagementbüro und entsprechenden Workstreams. Dann eine klare Roadmap mit festen Meilensteinen, durch die das zuvor definierte Zielbild innerhalb weniger Monate erreicht werden soll. Als Orientierung dienen Benchmarks und Best-Practice-Beispiele, die die Gewissheit geben, mit möglichst wenig Risiko auf dem richtigen Weg zu sein und alles unter Kontrolle zu haben. Das Ganze wird schließlich Top-down ausgerichtet, um den Rollout mit möglichst wenig Reibungsverlusten für den Geschäftsalltag umzusetzen. Kommunikation konzentriert sich auf die aktuelle und transparente Informationsvermittlung („Wir halten Sie auf dem Laufenden!"), auf das Management von Betroffenheit und auf die Befähigung von Führungskräften. Effizienz und Optimierung sind angstbesetzte Themen, die schnell mit Verlust und Verzicht verbunden und erlebt werden.

Soweit – in groben und vereinfachenden Konturen – das Prozessmuster der gelebten Change-Praxis. Und jetzt: digitale Transformation. Von disruptivem und radikalem Change ist in diesem Zusammenhang die Rede. Das signalisiert eine neue und völlig andere Dimension der Veränderung: einschneidender, umfassender, grundsätzlicher. Das Begriffs- und Schlagwort-Arsenal zur Umschreibung dieser Dimension ist dann auch genauso umfangreich wie fantasievoll. Es trägt aber nicht unbedingt zur Klarheit bei, worin denn das neue Prozessmuster der digitalen Transformation und seine disruptive Kraft liegen.

Auf der einen Seite lassen sich ganz unterschiedliche technologische Einzelaspekte der Digitalisierung beobachten: Einführung von digitalen End-to-End-Prozessen, Data Analytics, Automatisierung von Geschäftsprozessen sind nur einige wenige Beispiele. Das mag zwar konkrete Details erklären, vermittelt aber kein Gesamtbild, um was es bei der digitalen Transformation grundsätzlich geht und was sie so grundlegend von anderen Change-Prozessen unterscheidet. Im Gegenteil: Auch hier vermittelt sich ein Bild, das ihre Wirkung eher in Effizienzzielen umschreibt. Digitale Transformation ist dann nichts anderes als eine weitere Spielart bei der Optimierung von Prozessen und Strukturen. Es geht in erster Linie darum, das Geschäftsmodell des Unternehmens schneller und einfacher zu machen. Und das folgt dem bekannten und gelernten Prozessmuster des traditionellen Change-Managements – mit den entsprechenden Anforderungen an die Kommunikation.

Dann auf der anderen Seite das große Buzzword-Bingo, das die digitale Welt mehr mystifiziert als wirklich verständlich macht. Das kollaborative Unternehmen, die agile Geschäftskultur oder die Start-up-Mentalität – solche und ähnliche Begriffe und Umschreibungen suggerieren quasi eine „Alles ist neu"-Attitüde der digitalen Transformation. Sie verweisen zwar auf ihre disruptive Dimension. Doch bleiben sie vage, wenn es um die weitere Konkretisierung und genaue Erklärung geht, was das denn genau für die Gestaltung und Kommunikation der digitalen Transformation bedeutet.

Eher technische Detailthemen der Digitalisierung auf der einen Seite – allgemeine Platzhalter für die neue Welt des Silicon Valley auf der anderen Seite: Was aber macht nun das besondere Prozessmuster der digitalen Transformation aus? Drei Merkmale sind es vor allem, die sie von klassischen Change-Prozessen unterscheiden und die ihren disruptiven Charakter ausmachen.

#1 Digitale Transformation geht vom Kunden aus

Das scheint zunächst ebenfalls ein Allgemeinplatz erster Güte zu sein. Schließlich gibt es keinen unternehmerischen Veränderungsprozess der jüngeren Geschichte, dessen Notwendigkeit nicht mit neuen Kundenbedürfnissen oder neuen Zielgruppen begründet worden ist. „Der Kunde steht im Mittelpunkt." „Der Kunde verändert sich, also müssen auch wir uns verändern." Diese Mantras wurden gebetsmühlenartig wiederholt, auch wenn sie nur mühsam kaschiert haben, dass es in erster Linie um ganz andere und eher hausgemachte Dinge ging: Effizienz, Optimierung, Steigerung der Leistungsfähigkeit.

Jetzt aber wird es ernst mit dem Kunden. Digitale Medien verändern seine Verhaltens- und Kommunikationsmuster. Das Smartphone ist dafür nur ein – sicherlich herausragendes – Beispiel. Es ist quasi zum persönlichen Eingangstor in die digitale Welt geworden. Dort informieren sich Menschen und vernetzen sich, dort kommunizieren sie und bilden sich ihre Meinung.

Das verändert auch die Beziehung zwischen Kunde und Unternehmen in bisher nicht gekanntem Ausmaß. Es gilt, auch in der digitalen Welt für Kunden präsent und relevant zu sein. Die Customer Journey gibt dabei die Richtung vor. Auf sie muss alles im Unternehmen ausgerichtet werden: Produkte, Leistungsangebote und Services genauso wie Prozesse und Strukturen im Front-, Back- und Headoffice. Gleichzeitig muss die schnelle Handlungsfähigkeit des Unternehmens sichergestellt werden, um der Dynamik der digitalen (Kunden-)Welt gerecht zu werden. Das erfordert neben einer straffen Prozesskultur neue – agile – Formen der Führung und Zusammenarbeit im Unternehmen.

Damit aber noch nicht genug: Denn die ‚digitalen Fußabdrücke' der Kunden ermöglichen es Unternehmen, ein bisher ungeahntes Wissen über sie zu erlangen. Hier liegt der eigentliche disruptive Kern der digitalen Transformation – mit allen

Chancen und allen Risiken. Digitale Kundendaten sind der Rohstoff, aus dem neue Geschäftsmodelle, Wertschöpfungsketten, Wachstumsfelder und Leistungsangebote kreiert werden. Sie können weit über die traditionellen Aktivitäten des Unternehmens hinausgehen und es zu einem gänzlich anderen als in der Vergangenheit machen. Dazu braucht es den notwendigen Raum für Innovation und Experiment.

#2 Digitale Transformation ist mehr als Optimierung und IT: Sie umfasst die Erneuerung des gesamten Geschäftsmodells

Das alles zeigt: Digitale Transformation geht weit über Prozessverbesserungen hinaus. Natürlich geht es dabei immer auch um Kosten- und Skaleneffekte. So sind beispielsweise Automatisierung oder digitale End-to-End-Prozesse wichtige Hebel, um Produktivität, Profitabilität und Effizienz zu steigern.

Aber es wäre ein fataler Trugschluss, beides eins zu eins gleichzusetzen. Genauso wie es ein Irrtum ist, es handle sich bei der digitalen Transformation ausschließlich um einen IT-Prozess und um die Digitalisierung bestehender Prozesse. Es geht nicht nur um die Einführung digitaler Instrumente und Tools. Darin erschöpft sich die digitale Transformation nicht; das wäre eine verkürzte Sicht auf die Dinge. Digitalisierung und IT sind kein Selbstzweck, sondern Werkzeuge, um das Unternehmen für die Zukunft kundenorientierter und damit wettbewerbsfähig aufzustellen. Damit geht es um viel mehr als in klassischen Change-Prozessen: Es geht darum, das Geschäftsmodell im Rahmen der digitalen Transformation umfassend zu erneuern – von den Leistungsangeboten und Geschäftsfeldern über die Prozesse und Strukturen bis hin zur Führungs- und Geschäftskultur.

Das macht die digitale Transformation so komplex und unübersichtlich – ja scheinbar widersprüchlich: Effizienzziele und Restrukturierungsaufgaben stehen neben Wachstums- und Innovationsvorhaben; Kostensenkungen neben Investitionen; Implementierung neuer digitaler Prozesse für die Geschäftssteuerung und Automatisierung neben der Einübung neuer kollaborativer Formen von Führung und Zusammenarbeit. Alles das geschieht gleichzeitig und braucht zwingend Erklärung, Verstehen und Orientierung. Und dabei sind andere Einflussfaktoren aus dem Umfeld des Unternehmens wie Regulierung oder Erwartungen an die Nachhaltigkeit noch gar nicht berücksichtigt.

#3 Digitale Transformation ist ein ergebnisoffener und längerfristiger Prozess

Hinzu kommt: Der Weg der unternehmerischen Erneuerung – und nichts anderes ist die digitale Transformation – ist nicht bis ins letzte Detail im Voraus planbar. In ihrer Ergebnisoffenheit liegt wohl der gravierendste Unterschied zu klassischen Change-Prozessen. Sie stellt Management wie Kommunikation vor völlig neue Herausforderungen. Denn Konzeption und Umsetzung des Transformationsprozesses müssen von ganz neuen Prämissen ausgehen. Wo eine neue Kundenrealität alles auf den Kopf stellt, gibt es keine Industriestandards, keine Best Practices und keine KPIs mehr, auf die sich nach Belieben zurückgreifen lässt.

Das hat Auswirkungen auf ein technokratisches Managementverständnis, dem es in den Veränderungsprozessen der Vergangenheit vor allem um größtmögliche Risikominimierung und Prozesskontrolle ging. Während die Erfahrungswerte der Vergangenheit ihre Gültigkeit verlieren, zählen jetzt umso mehr Ideenreichtum und der Mut zum Experiment.

Das heißt aber auch: Das klassische Rollout-Modell der Veränderung – erst die Konzeption, dann die Umsetzung in einem möglichst kurzfristigen Zeitraum – greift hier nicht mehr. Digitale Transformation gleicht vielmehr einem großen Such- und Lernprozess. Es gilt das ‚Beta-Prinzip' des Trial & Error; Planung und Exekution laufen immer wieder parallel zueinander. Damit verbunden sind längerfristige Zeiträume, die für die Transformation notwendig sind. Ein Geschäftsmodell lässt sich nicht von heute auf morgen neu erfinden. Dazu braucht es Zeit und einen langen Atem.

Deutlich wird: Eine veränderte Management- und Geschäftskultur ist nicht erst als Ergebnis und Ziel der digitalen Transformation notwendig, um das neue Geschäftsmodell zum Laufen zu bringen. Sie ist bereits eine wichtige Voraussetzung für das Gelingen der Transformation selber. Auch dafür ist Kommunikation ein wichtiger Erfolgsfaktor.

2.2 Die zehn Gebote der Kommunikation in der digitalen Transformation

Egbert Deekeling

Das Postulat der Kundenorientierung, umfassende Erneuerung des Geschäftsmodells und Ergebnisoffenheit: Das disruptive Prozessmuster der digitalen Transformation verschafft der Unternehmenskommunikation eine neue Relevanz. Sie muss die digitale Transformation als großen unternehmerischen Erneuerungsprozess für alle internen und externen Stakeholder lesbar und erlebbar machen. Denn dies vermittelt sich nicht unbedingt von selbst, wie die Ausführungen in Abschn. 2.1 zeigen.

Damit erschöpft sich ihre Funktion nicht allein in Verkündung, Befähigung und regelmäßiger Information, wie es bei den klassischen effizienzgetriebenen Change-Prozessen in der Regel der Fall ist. Ihr Aufgabenspektrum ist ungleich breiter. Auch die Unternehmenskommunikation muss ihre Rolle bei der Steuerung und Vermittlung von digitaler Transformation neu entdecken und definieren. Folgende zehn Gestaltungsempfehlungen fassen kompakt zusammen, worin die neue Bedeutung der Kommunikation in der digitalen Transformation liegt.

1. Gebot: CEO in Treiber- und Führungsrolle bestärken

Bei der digitalen Transformation geht es um die strategische Erneuerung und die Zukunft des Unternehmens. Dafür muss der CEO als Initiator, Impulsgeber und Treiber nach außen und innen sichtbar sein. Er ist federführend für den Gesamtprozess – und muss auch so erlebt und wahrgenommen werden. Das ist nicht delegierbar, auch nicht an den CDO oder den CIO. Der CEO muss sich in der Vorreiterrolle zeigen. Er selbst verkörpert die neue Ära. Alles andere unterwandert seine Führungsautorität.

2. Gebot: Aufsichtsrat und Mitbestimmung zu Unterstützern machen
Die digitale Transformation ist ein Vorhaben, für dessen Erfolg alle Kräfte mobilisiert werden müssen. Das erfordert den engen Schulterschluss mit Aufsichtsrat und Mitbestimmung. Sie müssen vom neuen Weg überzeugt sein und mit dem Management das gleiche Verständnis der anstehenden Aufgaben teilen. Beide sind deswegen so früh wie möglich in den Prozess einzubinden. Denn es gilt, Geschlossenheit gegenüber Kapitalmarkt und Öffentlichkeit zu demonstrieren und die Mitarbeiter auf dem Weg mitzunehmen. Das schafft Rückendeckung nach außen wie nach innen.

3. Gebot: Goodwill und Geduld des Kapitalmarkts sichern
Der Kapitalmarkt denkt in kurzfristigen Zeiträumen und will schnelle Erfolge sehen. Er erwartet, dass Veränderungsprozesse überschaubar sind und ohne größere Risiken umgesetzt werden. Die digitale Transformation aber ist ein mittel- bis langfristiger Prozess – zudem ergebnisoffen und oft mit Investitionsrisiken verbunden. Sie verkörpert damit genau das, was der Kapitalmarkt scheut. Deswegen braucht es den regelmäßigen Dialog mit dem Kapitalmarkt über Ziele, Potenziale und Fortschritte der Erneuerung. Denn ohne den Goodwill und die Geduld von Aktionären und Investoren kann sie nicht gelingen.

4. Gebot: Wahrnehmung als traditionellen Change-Prozess vermeiden
Optimierung, Effizienzsteigerung, Kostensenkung – mit diesen Schlagworten wurden die meisten Change-Prozesse des letzten Jahrzehnts begründet und von Führungskräften und Mitarbeitern erlebt. Damit verbunden sind oft Verlustängste und die Sorge um den Arbeitsplatz. Das ist gelernt und schlägt durch auf die Wahrnehmung der digitalen Transformation, zumal auch sie ein hohes Effizienz- und damit Angstpotenzial besitzt. Dem ist aber entschieden entgegenzuwirken. Denn digitale Transformation ist viel mehr: Sie schafft neue Räume für Innovation, Wachstum und Zukunft – darum geht es vor allem. Das muss vermittelt werden, um Identifikation und Aufbruch in eine neue Zeit zu ermöglichen.

5. Gebot: Neue „digitale" Führungs- und Prozessmuster erkennbar machen
Wer als Unternehmen in der digitalen Welt erfolgreich sein will, muss schnell, agil und innovativ sein. Das stellt eingefahrene Routinen von Führung und Zusammenarbeit in Frage. Einem Denken in Bereichen, Hierarchien und Kontrollmechanismen stehen Trial & Error, Projektarbeit und Beteiligung gegenüber. Dies verlangt auch ein neues Rollenverständnis von Führungskräften. Statt Herrschaftswissen, Anweisung und Kontrolle kennzeichnen vor allem Impulse, Moderation und Befähigung das neue Führungsmuster in der digitalen Welt. Kommunikation muss dafür Aufmerksamkeit schaffen und den

neuen „digitalen“ Führungsstil in Szene setzen. Das schafft Vorbilder unter Führungskräften und gibt der Erneuerung weiteres Momentum.

6. Gebot: Wertewelt von Start-ups und Gen Y mit traditionellen Unternehmenswerten verbinden

Digitalisierung ist eng mit der Wertewelt von Start-ups und der Generation Y verbunden. Sie repräsentieren die neue ‚Leitkultur‘ des digitalen Zeitalters. Es ist jedoch ein Irrtum, mit der eigenen Digitalisierung gleich die gesamte tradierte Geschäftskultur als Ballast komplett über Bord werfen zu wollen. Denn große Unternehmen und Konzerne sind keine Start-ups: Sie haben andere Strukturen und agieren anders. Deswegen ist die eigene Unternehmenskultur vorsichtig für die neue ‚digitale‘ Wertewelt zu öffnen und mit ihr auszubalancieren. Dafür braucht es Raum für neue Ideen, Austausch und Lernen.

7. Gebot: Unternehmensmarke „erneuern und auffrischen“

Die Marke ist das zentrale Symbol jedes Unternehmens: Sie zeigt, wofür das Unternehmen steht und wohin es will. Daher muss sich die digitale Transformation auch in der Markenführung widerspiegeln. Das erfordert nicht gleich ein neues Logo oder ein neues CD. Es geht vielmehr darum, die Relevanz der Marke in der digitalen Welt zu stärken, sich neuen (jungen) Zielgruppen zu öffnen und neue, unkonventionelle Formate im Markenauftritt zu entwickeln – zum Beispiel im Employer Branding. An der „Auffrischung“ der Unternehmensmarke wird die Erneuerung des Unternehmens für externe und interne Zielgruppen erlebbar.

8. Gebot: Kommunikation von digitaler Transformation nicht mit Digitalisierung der Kommunikation gleichsetzen

Die Unternehmenskommunikation ist komplexer und anspruchsvoller geworden: Multistakeholder-Ansatz, eine Vielzahl an Formaten und intensives Content-Management kennzeichnen ihr Aufgabenspektrum. Digitalisierung hilft, diese Aufgaben schneller, effizienter und zielgruppengerechter zu erfüllen. Sie ist aber nicht mit der Kommunikation von digitaler Transformation gleichzusetzen. Hier geht es um mehr: um die Begleitung der mit ihr verbundenen Verständnis- und Kulturprozesse. Das geht nur mit Formaten der persönlichen Kommunikation und Face to Face. Digital unterstütztes Content- und Kanal-Management allein kann das nicht leisten.

9. Gebot: Innovationsformate als Kommunikationsformate nutzen

Innovationsabteilungen arbeiten seit Jahren mit neuen kreativen Methoden wie Design Thinking, BarCamps oder Business Model Canvas. Was solche Methoden ausmacht: Es geht dabei um experimentelles Vorgehen, um Ausprobieren, um Kreativität – und um ein bewusstes Verlassen des vertrauten Terrains. Doch was bisher das Methodenrepertoire des Innovationsmanagements war, muss nun auch zur Grundausstattung der Kommunikation werden. Denn die Bereitschaft, sich auf Neues einzulassen, wird jetzt zur Grundanforderung an das gesamte Unternehmen. Methoden wie Design Thinking sind geeignete Kommunikationsformate, um Führungskräfte und Mitarbeiter für Neues zu öffnen und gemeinsam eine Zukunftsvorstellung zu entwickeln.

10. Gebot: Unternehmenskommunikator zum Dramaturgen der Transformation machen
Der Erfolg der digitalen Transformation hängt ab von der Haltung aller Anspruchsgruppen innerhalb und außerhalb des Unternehmens. Deswegen kommt dem Unternehmenskommunikator eine zentrale Rolle zu. Er muss das Management und die Verantwortlichen digitaler Innovationsprojekte als Berater für strategisches Stakeholder-Management aktiv unterstützen. Der Kommunikator muss sich als Dramaturg der digitalen Transformation verstehen, der Content aufbereitet, externe und interne Anspruchsgruppen involviert und dem Management die richtige Bühne verschafft. Nur mit diesem Selbstverständnis wird er der erfolgskritischen Bedeutung von Kommunikation in der digitalen Transformation gerecht.

2.3 Kommunikation in der neuen Welt Industrie 4.0: Drei Thesen

Dieter Schweer

Manager-Schlagwörter oder wirklich die vierte industrielle Revolution? Erst Multimedia, dann CAD & CAM (Computer Added Design & Computer Added Manufacturing), jetzt Industrie 4.0 – müssen sich die Unternehmen und ihre Kommunikationsabteilungen wieder einmal „nur“ digital erneuern? Oder müssen sich einzelne Industriebereiche und ihre Organisation komplett neu erfinden?

Erfahrungen und Beobachtungen im Rahmen meiner langjährigen Tätigkeit als Manager für namhafte Industrieunternehmen und für den Bundesverband der Deutschen Industrie (BDI), Analysen und Studien wie die zur Industrie 4.0 (Roland Berger Strategy Consultants 2015), die die Unternehmensberatung Roland Berger im Auftrag des BDI erstellt hat, sprechen für Letzteres: Es geht um einen Paradigmenwechsel – in der Unternehmensstrategie genauso wie in der Kommunikation; beides ist nicht voneinander zu trennen. Warum dies so ist, begründe ich anhand von drei Grundsatzthesen und stelle sie zur Diskussion.

#1 Kommunikation, die neue Macht: Emotionen übertrumpfen Fakten
Wenn Freiheit schrankenlos wird, warnte schon Platon, dann zerfalle die Gesellschaft in unbeherrschte, eigensüchtige Gruppen und Einzelne. Schließlich schwinde auch jede Achtung vor Gesetzen, gleichviel ob geschrieben oder ungeschrieben, um ja keinen Gebieter, in welchem Sinne auch immer, über sich zu haben (Platon 2010). Hat der griechische Philosoph, Schüler des Sokrates' und Lehrer des Aristoteles', schon im vierten vorchristlichen Jahrhundert die grenzenlose Freiheit des Internet-Zeitalters vorweggenommen? Die mündliche direkte Kommunikation einer Stadtgesellschaft wie zu Platons

Zeiten funktioniert heute stärker denn je. Nur anders. Genauso direkt, aber global, via Netz und sekundenschnell.

Doch was sind die Folgen? Internet und soziale Medien gewinnen immer mehr an Macht. In letzter Zeit ist zudem viel die Rede vom „postfaktischen Zeitalter“ – das Adjektiv „postfaktisch“ ist in Deutschland jüngst sogar zum Wort des Jahres 2016 gekürt worden. Es meint: Fakten werden immer unwichtiger, was zählt, sind Emotionen. Dass dies nicht primär an der Verfügbarkeit der sozialen Medien liegt, zeigt die pointierte Analyse des Wahlkampfexperten Johannes Hillje (2016) in der *Frankfurter Allgemeinen Sonntagszeitung:*

> ‚Fuck you, Facebook!‘ Mit diesen Worten bilanzierte der Silicon-Valley-Guru Michael Abehsera den amerikanischen Wahlkampf. Seine Anklage: Facebook ist zur weltweit größten Quelle für Nachrichten geworden, ohne dass es selbst die Quellen von Informationen überprüfe. Der gebürtige Israeli spitzte zu: Mittels Facebook könnten heute auch wieder Hitler und Goebbels ein Land übernehmen. […] Doch es ist keine Technologie, die Donald Trump an die Macht brachte. Sondern es war die zutiefst misstrauische Mehrheit einer zutiefst gespaltenen Gesellschaft.

Und Prof. Dr. Heinz Bude, einer der führenden zeitgenössischen deutschen Soziologen vom Hamburger Institut für Sozialforschung, bemerkt in seinem Buch *Gesellschaft der Angst* (Bude 2014): „Angst kennzeichnet eine Zeit, in der in Europa Populisten von rechts im Anmarsch sind, in der sich unter ganz normalen Leuten Erschöpfungsdepressionen ausbreiten und in der der Kapitalismus von allen als Krisenzusammenhang erlebt wird. Angst ist der Ausdruck für einen Gesellschaftszustand mit schwankendem Boden.“ Die Mehrheitsklasse, so Bude, fühle sich in ihrem sozialen Status bedroht und im Blick auf ihre Zukunft gefährdet. Man sei von dem Empfinden beherrscht, in eine Welt geworfen zu sein, die einem nicht mehr gehöre.

Das Problem liegt also nicht an der Nutzung von Facebook & Co., sondern an einer zutiefst verunsicherten Gesellschaft. Das ist gesellschaftspolitisch auf den Punkt gebracht. Kommunikationspolitisch heißt dies, wie Hillje (2016) treffend bemerkt: „Die schwindende Orientierungsfunktion traditioneller Medien trifft auf das Desorientierungspotenzial sozialer Medien.“

#2 Kommunikation und Strategie: 0-1-0 verdrängt Tradition

Ursache und Wirkung werden häufig verwechselt. Nur weil Kunden, Bürger, Politiker und Journalisten die sozialen Medien exzessiv nutzen, haben diese eine übermächtige Stellung erlangt. Der durchschnittliche Internetnutzer verbringt über zwei Stunden am Tag in sozialen Netzwerken. Das digitale All wird also ständig vom Algorithmus gefüllt. Es verschluckt riesige Mengen von Daten, durchsucht, sortiert und gewichtet sie – und entdeckt immer neue Zusammenhänge. Gleichzeitig darf nicht vernachlässigt werden, dass ca. ein Drittel der Deutschen bis heute noch immer keinen Internetanschluss hat – insbesondere sind große Bevölkerungsschichten, nämlich diejenigen, die älter als 60 Jahre alt sind, vom Internet-Informationsfluss und damit der aktiven gegenseitigen Kommunikation abgeschnitten. Andererseits hat immerhin schon ein Drittel der Unternehmen in Deutschland eine Digitalisierungsstrategie und ein weiteres plant eine solche in den kommenden drei Jahren, so eine Analyse der Maschinenbauer. Und was passiert mit dem letzten Drittel? „Neben der strukturellen Unterwerfung der klassischen unter die sozialen Medien hat sich auch die inhaltliche Beziehung zwischen ihnen verändert. Früher hatten die Journalisten in der Hand, wem sie ein Mikrofon vor den Mund halten. Mit einem Facebook- oder Twitter-Profil hat heute potentiell jeder ein Mikrofon in der Hand“, so Hillje (2016). Damit verändern sich die Unternehmen-Kunden-Medienbeziehungen radikal. Die Digitalisierung entfaltet ihre disruptive Kraft. Die Frage, die jeder Kommunikationsmanager beantworten muss: Welchen Einfluss haben die virtuellen Communitys, in denen sich fast alle Generationen tummeln, auf meine Arbeit? Wie muss die Kommunikationsabteilung intern als Medienschnittstelle nach außen – Kunden-Kontaktpunkt – organisiert sein? Die Zeiten der organisatorischen Trennung Internet/Social Media und klassisch Print/TV sowie Interne/Externe Kommunikation sind längst überholt, aber kommen immer noch in traditionellen Strukturen vor. Die modernen Medien dagegen arbeiten am offenen, integrierten ‚Workdesk‘.

Wie wird mit Falschmeldungen, Produktverleumdung, Internet-Blackouts umgegangen? Ein bemerkenswertes Beispiel aus der katholischen Kirchenwelt beschreibt *Die Welt* in einem Beitrag über Fake News im Wahlkampf: Über 900.000 Mal hatten Facebook-Nutzer die falsche Meldung, der Papst unterstütze Donald Trump, in den drei Monaten vor der US-Wahl geteilt (Fuest et al. 2016). Die Macher solcher Fakes bleiben in der Regel unerkannt. Sie verstecken ihre Identität hinter einem Service für anonyme Domainregistrierung. Glaube allein genügt nicht. Der Schaden für ein Unternehmen geht in einem solchen Fall schnell in die Millionen. Und wie wird das angestammte Geschäfts- und Kommunikationsmodell von neuen Wettbewerbern konterkariert? Die digitale Konkurrenz denkt in globalen Dimensionen, zieht Pläne mit großer Schnelligkeit und Beharrlichkeit durch und entwickelt ständig neue Angebote – auch für ihre Medienpartner. Und immer direkt mit Blick auf den Endkunden. Airbnb, Uber, Google und andere Digital Player beseitigen Ineffizienzen und setzen auf die ‚3 S‘ (Scale, Speed, Services), womit sie die Old Economy nicht nur angreifen, sondern am Ende verdrängen. Auf einmal konkurrieren bislang unbekannte globale Wettbewerber um traditionelle Kundenschnittstellen. Damit digitale Kommunikationsprojekte von den Bewahrungskräften im Unternehmen nicht gleich im Keim erstickt werden, empfehlen namhafte Unternehmensberater ein einfaches Rezept: Gründung einer Digital-Einheit außerhalb des Unternehmens. Davor muss aber noch etwas anderes stehen. Anfangs sollte die neue Abteilung nur mit dem CEO zusammenarbeiten. Ist es wirklich das Topthema? Dann muss der CEO es auch führen! Die neue Kommunikationseinheit kann nur so unabhängig vom Mahlstrom der Unternehmensbürokratie, von Compliance-Bedenken, juristischen Fragen und ähnlichen Hindernissen arbeiten. Traditionelle Medien- und Kundenschnittstellen verschwinden. Die weltweite Agenturgruppe Publicis hat Sorge, „aufzuwachen und ‚ge-ubert‘ worden zu sein“ (zitiert nach Schweer und Seidemann 2015, S. 129). Warum auch nicht? Schließlich ermöglicht die massenhafte Verfügbarkeit digitaler Daten die Individualisierung der Medienwünsche, die wirklich direkte, zielgerichtete Kunden-Direktkommunikation – und nicht nur die der Kunden-Direktansprache.

Neue Akteure und Organisationen, die weder vom klassischen Kommunikationssystem noch von der Politik ausreichend berücksichtigt werden, beeinflussen das Image und die Kundenwahrnehmung. Open Source Innovation, gemeinsam erstellte Wikis und vieles mehr haben direkten und indirekten Einfluss auf zivilgesellschaftliche Gruppen. Die klassische Kommunikationsperspektive berücksichtigt diese Entwicklungen zu wenig, da sich die neuen, oftmals nur informell organisierten Akteure nur schwer verorten lassen. Für eine an den gesellschaftlichen Herausforderungen orientierte Kommunikationsstrategie ist es in Zukunft erforderlich, die Wechselwirkungen zwischen etablierten Pfaden und Nischen zu erkennen. Und die Funktionen der zum Teil mehrdimensional und auf vielen Medienmärkten agierenden Akteure zu identifizieren. Das erfordert ein systematisches Screening, wie etwa Social-Media-Analyse, Text Mining oder Web Crawling. Es bedarf zudem einer klaren Orientierung an gesellschaftlichen Problemlagen. Es muss nachvollziehbar sein, woher Themenschwerpunkte und Prioritätensetzungen kommen.

Schlagkräftige, flexible Projektteams in der Kommunikationsabteilung – zusammengesetzt aus verschiedenen internen und externen international erfahrenen Experten – brauchen klare Spielregeln. Müssen Teamentscheidungen beispielsweise grundsätzlich im Konsens getroffen werden? Was passiert, wenn kein Konsens erzielt werden kann? Wird dann als nächste Eskalationsstufe direkt die Geschäftsführung eingebunden? Welches Budget steht dem Team zur Erreichung seines Ziels zur Verfügung? Welche Qualifikationen sind erforderlich? Wie sehen die Incentive-Strukturen aus? Im Zuge flacherer Hierarchien und zunehmender Eigenverantwortung der Medienexperten: Wie, wo und wann sollen in den schnell und weltweit agierenden Netzwerken Entscheidungen und Diskussionsblogs abgestimmt werden? Muss sich ein neues strategisches Kommunikationsverständnis herausbilden? In digitalen Freiräumen entstehen neue Machtstrukturen, deswegen brauchen Unternehmen eine neue Fehlerkultur – der Wandel zwingt, Bewährtes kontinuierlich auf den Prüfstand zu stellen und ständig Neues auszuprobieren. Ganz nach dem Motto: Das größte Risiko in einer Welt im Wandel stellt die Risikovermeidung dar.

#3 Unternehmen im digitalen Chaos – Oder: Politische Kommunikationsmanager gesucht

Das Bild des Unternehmers in der Öffentlichkeit wird immer düsterer. Noch in der Mitte der siebziger Jahre meinten fast zwei Drittel der befragten Bundesbürger, die Unternehmer lebten von der Arbeit anderer, und bald ein Drittel der Unternehmer glaubte, von der Bevölkerung für eine überflüssige gesellschaftliche Gruppe gehalten zu werden. Und heute: Das angekratzte Bild hat sich wieder verfestigt. Vorstände und Manager haben bei den Deutschen einen schlechten Stand: Jeder dritte Teilnehmer einer Umfrage als Teil des globalen Korruptionsbarometers von Transparency International ist der Ansicht, dass alle oder die meisten Führungskräfte in der Wirtschaft in Korruption verstrickt sind. Das Image der Manager sei damit schlechter als das der Polizei. Was bringt es, wenn im internationalen Vergleich Deutschland noch am besten vor Schweden und der Schweiz abschneidet? Und es wird nicht besser. Nach dem *Edelman Trust Barometer* – einer Umfrage unter mehr als 32.000 Menschen in 28 Ländern im Herbst 2016 – erodiert das Vertrauen in die politischen und gesellschaftlichen Institutionen, in Politiker und Manager. „Offenbar ist die Anerkennung der Unternehmer durch die Gesellschaft derzeit so schlecht wie seit 1968 nicht mehr – als lediglich 13 Prozent der Befragten dieser Berufsposition Wertschätzung entgegenbrachten", schlussfolgern Franz Walter und Stine Marg in ihrer Studie *Sprachlose Elite?* (2015, S. 11).

> Oft im gleichen Atemzug werden ebenfalls die Medien, Verbände und der Lobbyismus gegeißelt, ebenfalls ein charakteristischer Zug der europäischen Misstrauensgesellschaften. Die Lobbyisten gelten als die entscheidenden Verfälscher des Volkswillens. Dass die Verbände der ökonomisch Mächtigen sich zwischen den Demos und der aus Wahlen hervorgegangenen Repräsentativkörperschaften gelegt hätten [sic!], wird als Grundübel für die gegenwärtige Demokratie, als Ursache für die Deformierung einer im Ursprung guten Idee angesehen (Marg et al. 2013, S. 322).

Das ist keine Polemik anti-kapitalistischer NGOs, sondern das Ergebnis der renommierten BP-Gesellschaftsstudie *Die neue Macht der Bürger. Was motiviert die Protestbewegungen?* Weiter heißt es dort: „Auf der einen Seite schwinden gesellschaftliche Integrationskräfte von Parteien, Verbänden und Kirchen, auf der anderen Seite entwickelt sich anscheinend eine rege Zivilgesellschaft mit postkonventionellen Partizipationsformen, um Einfluss auf Politik und Gesellschaft zu nehmen" (Marg et al. 2013, S. 10).

Auch vor diesem Hintergrund muss sich die Rolle des Unternehmers und des Kommunikationsmanagers im Unternehmen neu definieren. Noch die Generation der Väter und Großväter war stolz darauf, rauchende Schlote auf dem Briefkopf ihrer Unternehmen zu zeigen. Es wurde seitdem entstaubt und entschwefelt – die schöne neue Welt propagiert: digital = sauber. Nur: Wo kommt der Strom her, wer lädt die Handys, iPads und Computer, wer kühlt die Speicherchips, und und und? Vertrauen setzt Glaubwürdigkeit und Verantwortung voraus. Es wird jedoch immer öfter gezögert, klar und deutlich zu sagen, wozu Schornsteine gut sind. Freiheit ist Verantwortung – und erst recht in der freien digitalen Welt. Das ist keine Einschränkung von Freiheit, sondern Voraussetzung dafür, sie nicht aufs Spiel zu setzen. Das setzt erst recht voraus, dass altmodische Werte wie Loyalität, Vertrauen, Achtung und gesellschaftliche Verantwortung wieder aktiv in der digitalen Welt gelebt werden.

Wer sein Unternehmen in die Zukunft führt, braucht motivierte Mitarbeiter. Klingt banal, aber die Motivation in deutschen Unternehmen ist extrem gering. Laut *Gallup Engagement Index* geben 70 % der Arbeitnehmer in Deutschland an, eine geringe emotionale Bindung an ihr Unternehmen zu haben und Dienst nach Vorschrift zu machen. Das liege auch an der falschen althergebrachten Führungskultur von Militär und Kirche, die wir in Deutschland immer noch zu oft haben. Der traditionelle deutsche Führungsstil einer sicherheitsorientierten und verwaltenden Linienhierarchie steht einer offenen Innovationskultur im Wege. Bewahrende Denk- und Handlungsweisen müssen durch Freiräume für Querdenker ersetzt werden. Wer in der digitalen Welt Erfolg haben will, muss als Manager sogar Kontrollverluste in Kauf nehmen. Wenn alle Schreibtische vernetzt sind, werden sich die klassischen Bereichsstrukturen auflösen und der Chef wird seine angestammte Funktion verlieren. Schon der große Ökonom Joseph Schumpeter analysierte sinngemäß: Die Fähigkeit zu führen ist immer dann gefordert, wenn der Unternehmer außerhalb der gewohnten Bahnen und ohne gesicherte Daten handeln muss, wenn er mit Widerständen fertig werden will, mit denen die soziale Umwelt jedem begegnet, der überhaupt oder speziell wirtschaftlich etwas Neues tun will. Führen erfordert danach dreierlei: erstens den Willen, etwas Anderes, Neues zu tun als das Gewohnte und Erprobte; zweitens die Fähigkeit, die Dinge in einer Weise zu sehen, die sich hinterher bewährt; drittens die Überzeugungskraft, andere für die eigenen, neuen Ideen zu gewinnen, vor allem die Kunden (vgl. Schumpeter 2006, v. a. S. 103–198). Schumpeters betriebswirtschaftliche Weisheiten erkennen heute sogar die Gewerkschaften an. Es fehle nicht nur an Fachkräften, sondern insbesondere „an Führungskräften mit Charisma und Management-Exzellenz in der Chefetage“, analysiert die wirkungsmächtige IG Metall. Es gilt, die neue Macht der digitalen Freiräume zu nutzen – so steht es schon im Management-Buch des Jahres 2015, *Das demokratische Unternehmen* (Schweer und Seidemann 2015, S. 129 ff.). Moderne Kommunikationsmanager haben die zentrale Aufgabe, in flexiblen Netzwerkstrukturen Verbindlichkeiten zu schaffen, das Team zu motivieren und zu inspirieren. Management heißt in Zukunft in erster Linie, verschiedene Interessen und inhaltliche Gegensätze zum produktiven Konsens zu verschmelzen. Der erfolgreiche Kommunikationsmanager im Zeitalter Industrie 4.0 sollte ein Meister der Konfliktmoderation sein – ein Kommunikations- und Politikexperte und ein Organisator. Er sollte „befähigt sein, Organisationsstrukturen zu entwickeln“, „Geschick im Umgang mit den Medien beweisen“, „mit gediegenen Hintergrundinformationen […] auftreten“ und „auf der Klaviatur des Konflikts ebenso routiniert wie auf der des biegsamen Kompromisses“ spielen, beschreibt Walter (Marg et al. 2013, S. 310 f.) die personellen Herausforderungen der Zukunft.

Von der Fußballikone Sepp Herberger stammt der legendäre Satz: „Nicht die besten elf sollen spielen, sondern die beste Elf.“ Das Ego muss hinter dem Teamgeist zurückstecken. Diese alte Regel wird insbesondere die Arbeitswelt Industrie 4.0 bestimmen. Nur wer abteilungsübergreifende Projektteams und interdisziplinäre Netzwerke im Unternehmen aufbaut, wird noch konkurrenzfähig und attraktiv für junge Mitarbeiter, neue Zielgruppen der Medien und direkte wechselseitige Kundenansprache sein. Die Unternehmen brauchen eine neue Innovationskultur. Sie müssen sich entscheiden. Reggie Bradford, Software-Chefentwickler von Oracle, wird in der *Süddeutschen Zeitung* mit dem Satz zitiert: „Es braucht ein Verständnis für die Dringlichkeit des Themas, […] man kann nicht dauernd einen Fuß auf dem Dock haben und einen auf dem Schiff“ (Martin-Jung 2016).

Literatur

Literatur zu Abschn. 2.3

Bude H (2014) Gesellschaft der Angst, Hamburger Edition HIS Verlagsges. mbH, Hamburg

Fuest B et al (2016) Kann Facebook Populisten mehrheitsfähig machen? https://www.welt.de/wirtschaft/article159632404/Kann-Facebook-Populisten-mehrheitsfaehig-machen.html. Zugegriffen: 25. Jan. 2017

Hillje J (2016) Massenspaltungsmedium. Frankfurter Allgemeine Sonntagszeitung, 13. November. http://www.faz.net/aktuell/politik/inland/macht-der-medien-wie-facebook-die-politik-spaltet-14524894.html?printPagedArticle=true#pageIndex_2 und http://rettetdiewahlen.eu/index.php/2016/11/13/massenspaltungsmedium-algorithmen-mussen-pluralismus-lernen/. Zugegriffen: 25. Jan. 2017

Marg S, Geiges L, Butzlaff F, Walter F (Hrsg) (2013) Die neue Macht der Bürger. Was motiviert die Protestbewegungen? (BP-Gesellschaftsstudie). Rowohlt, Reinbek

Martin-Jung H (2016) Verfolger im Nacken. Süddeutsche Zeitung, 16. März

Platon (2010) Der Staat. Anaconda, Köln

Roland Berger Strategy Consultants (2015) Die digitale Transformation der Industrie (Studie im Auftrag des BDI). https://www.rolandberger.com/de/press/Press-Release-Details_3467.html. Zugegriffen: 25. Jan. 2017

Schumpeter J (2006) Theorie der wirtschaftlichen Entwicklung. Duncker & Humblot, Berlin (Erstveröffentlichung 1912)

Schweer D, Seidemann S (2015) Die neue Macht – digitale Freiräume. In: Sattelberger T, Welpe I, Boes A (Hrsg) Das demokratische Unternehmen: Neue Arbeits- und Führungskulturen im Zeitalter digitaler Wirtschaft. Haufe, Freiburg, S 129–134

Walter F, Marg S (Hrsg) (2015) Sprachlose Elite? Wie Unternehmer Politik und Gesellschaft sehen (BP-Gesellschaftsstudie). Rowohlt, Reinbek

Über die Autoren

Dr. Dirk Barghop, Deekeling Arndt Advisors in Communications GmbH, ist Senior Partner der Kommunikationsberatung (www.deekeling-arndt.de), die zu den führenden in Deutschland zählt. Er berät Unternehmen in hochkomplexen (digitalen) Transformations- und Erneuerungsprozessen. Seine Arbeitsschwerpunkte liegen in der Strategievermittlung und in der Gestaltung von Führungskommunikation. Dirk Barghop promovierte in Historischer Anthropologie mit einer Arbeit über die Kommunikation der Führungseliten im antiken Rom. Er ist Mitherausgeber des Buches *Kommunikation im Corporate Change. Maßstäbe für eine neue Managementpraxis* (Gabler 2009).

Egbert Deekeling, Deekeling Arndt Advisors in Communications GmbH, gilt in Deutschland als einer der führenden Experten für Transformations- und Erneuerungsprozesse. Der Gründer und Senior Partner der international tätigen strategischen Kommunikationsberatung (www.deekeling-arndt.de) ist heute vor allem gefragt bei der persönlichen Unterstützung und Beratung von (Top-) Executives und Kommunikationsverantwortlichen. Er ist Autor und Mitherausgeber zahlreicher Bücher und Beiträge zu den Themen CEO- und Veränderungskommunikation. Der Diplom-Soziologe spricht zu diesen Themen an Hochschulen, auf Führungskräfteveranstaltungen und vor Aufsichtsratsgremien.

Dieter Schweer studierte nach seiner Ausbildung bei der Dresdner Bank AG Betriebswirtschaftslehre und Kommunikationswissenschaften in Bochum und Stuttgart-Hohenheim mit den Abschlüssen Diplom Betriebswirt und Diplom Journalist. Nach verschiedenen Führungspositionen in der deutschen Industrie, u. a. bei der BMW AG, der Handelsblatt-Gruppe und als Direktor Konzernkommunikation der RWE AG, wurde er Bereichsvorstand bei der Deutschen Telekom AG. Seit 2009 war er Mitglied der Hauptgeschäftsführung beim Bundesverband der Deutschen Industrie, bei dem er auch das Thema „Die digitale Transformation der Industrie" verantwortete. Er war u. a. Mitglied im Strategiekreis Plattform Industrie 4.0, der Nationalen Plattform Elektromobilität und im Präsidium des Deutschen Verkehrsforums.

Dieter Schweer wurde als PR-Manager des Jahres ausgezeichnet und erhielt den Deutschen Marketingpreis. Er ist im Beirat der Deutschen Apotheker- und Ärztebank sowie Kurator des Fraunhofer-Instituts für System- und Innovationsforschung und Senator der Arbeitsgemeinschaft Industrieller Forschungsvereinigungen. Seit 2016 ist er Vorsitzender des Expertenrats der DialogGesellschaft (www.dialoggesellschaft.de). Zudem ist er Autor bzw. Herausgeber mehrerer Buchpublikationen.

CEO-Kommunikation

3

Dwight Cribb und Gisbert Rühl

Zusammenfassung

Bei der digitalen Transformation geht es um die Zukunftsfähigkeit des Unternehmens. Damit verbunden sind grundsätzliche strategische Weichenstellungen sowie einschneidende Veränderungen in Abläufen, Strukturen und Geschäftskultur. Das bestimmt auch die Rolle und die Kommunikation des CEOs. Er selbst – und nicht etwa der CDO oder CIO – muss als Initiator, ‚Welterklärer' und Vorreiter intern und extern sichtbar sein. Denn nur das sichert seine Leadership-Wahrnehmung und seine Führungsautorität in der digitalen Transformation. Der Vorstandsvorsitzende von Klöckner, Gisbert Rühl, hat sich dieser Herausforderung unter dem Leitspruch „Wir digitalisieren die Stahlindustrie" früh gestellt. In einem Gespräch mit Egbert Deekeling schildert er seine Erfahrungen und seinen persönlichen Lernprozess als CEO in der digitalen Transformation. Das Selbstverständnis analoger und digitaler CEOs analysiert der Personalberater Dwight Cribb. Er hat sich in den letzten zehn Jahren auf die Rekrutierung von Topmanagern und Executives mit Kompetenz in digitaler Transformation spezialisiert.

D. Cribb (✉)
Dwight Cribb Personalberatung GmbH, Hamburg, Deutschland
E-Mail: DCribb@cribb.de

G. Rühl
Klöckner & Co SE, Duisburg, Deutschland
E-Mail: PR@kloeckner.com

E. Deekeling und D. Barghop (Hrsg.), *Kommunikation in der digitalen Transformation,* DOI 10.1007/978-3-658-17630-3_3

3.1 „Als CEO muss ich mich an die Spitze der Bewegung setzen."

Gisbert Rühl im Gespräch mit Egbert Deekeling

Deekeling: Ihr Leitspruch ist ja: Wir digitalisieren die Stahlindustrie. Was genau meinen Sie damit?

Rühl: Unter Digitalisierung wird oft das Online-Retailgeschäft oder Online-Shopping verstanden. Für mich greift das zu kurz, denn da wird lediglich ein Offline-Geschäft ins Internet verlagert. Für Klöckner verstehe ich unter Digitalisierung vielmehr die digitale Vernetzung mit sämtlichen Gliedern der Liefer- und Leistungskette in der Stahlindustrie – und das auch branchenübergreifend. Unser Ansatz lautet: Wir wollen eine offene Industrieplattform aufbauen, auf der sich alle Marktteilnehmer – also auch Wettbewerber – vernetzen können. Meines Wissens zieht das in unserer Branche kein anderer auch nur im Entferntesten in Betracht.

Wahrnehmung in der Branche – Unsicherheit und Skepsis vor dem radikalen Schritt

Deekeling: Wie nimmt denn Ihre Branche das Thema Digitalisierung wahr? Wird das als eine alarmierende Entwicklung gesehen? Oder als Chance?

Rühl: Mittlerweile spüren so gut wie alle Marktteilnehmer, dass sie sich mit der Digitalisierung auseinandersetzen müssen. Bei manchen geht es vielleicht in erster Linie darum, nicht abgehängt zu werden. Die begreifen das Ganze nicht als Chance. Mit der Einsicht, dass kein Unternehmen sich der Digitalisierung entziehen kann, wächst zudem die Unsicherheit, weil viele nicht recht wissen, was sie jetzt tun sollen. Dies gilt insbesondere für den Stahlhandel, der geprägt ist von vielen kleinen und mittelgroßen Unternehmen, die meist nicht die Ressourcen haben, dieses Thema eigenständig voranzutreiben.

Deekeling: Und Ihr Plattformgedanke – das ist ja wirklich ein mutiger Schritt, der auch die Branche neu definiert. Finden Sie da Begeisterung? Oder eher Skepsis?

Rühl: Unsere größeren Wettbewerber betrachten die Idee, eine offene Plattform zu entwickeln, eher mit Skepsis. Aber wir denken aus der Sicht des Kunden. Eine Plattform funktioniert für den Kunden nur dann optimal, wenn er – wie in unserem Fall – dort alle Stahl- und Metallprodukte bekommt. Sonst muss er sich mit Online-Shops verschiedenster Anbieter verbinden. Dabei gibt es einen wesentlichen Unterschied zwischen dem B2B- und dem B2C-Geschäft zu beachten: B2B-Plattformen funktionieren nur, wenn die Integration in die Inhouse-ERP-Systeme der Marktteilnehmer gelingt. Das sind die IT-Systeme, die Abläufe im Unternehmen steuern, also beispielsweise Bestellvorgänge und die Materialwirtschaft. Heute können die Systeme verschiedener Unternehmen aber meist nicht miteinander kommunizieren. Eine offene Plattform hingegen ermöglicht diese Kommunikation – und bringt damit den maximalen Kundennutzen. Deswegen ist das aus unserer Sicht die beste Lösung, vielleicht sogar der einzige Erfolg versprechende Weg.

Deekeling: Woher nehmen Sie diese Gewissheit?

Rühl: Wir beobachten das auch in anderen Branchen. Beispielsweise entwickelt der Maschinenhersteller Trumpf die offene Plattform AXOOM, an die auch Klöckner angeschlossen ist. Das Ziel dieser Plattform ist ein vollautomatischer Bestellvorgang – beispielsweise von Stahl –, ausgelöst durch digital vernetzte Produktionsmaschinen. Neben den offenen Plattformen wird es auch geschlossene geben, aber die offenen werden aus meiner Sicht erfolgreicher sein. Offene Plattformen können mit Hilfe standardisierter Schnittstellen die IT-Systeme aller Teilnehmer vernetzen. Darauf haben wir von vornherein gesetzt. Wir haben es anfangs zwar nicht Industrieplattform genannt, sondern B2B-Exchange, aber der Grundgedanke war derselbe.

Silicon Valley: Die Dynamik von Vernetzung und Digitalisierung erleben

Deekeling: Sie sind ins Silicon Valley gereist und haben dort Ihre Erfahrungen gemacht. Was haben Sie von dieser Reise gelernt? Inzwischen ist das ja eine eigene Art von Tourismus.

Rühl: Mittlerweile hat das touristische Züge angenommen, da haben Sie recht. Es macht aber trotzdem Sinn, dort hinzufahren, auch wenn die meisten Manager nur eine Standardtour absolvieren. Das ist immer noch besser, als wenn man sich gar nicht mit dem Thema beschäftigt. Andererseits: Wer ein kleines oder mittelgroßes Unternehmen hat, muss vielleicht nicht so weit reisen. Der kann sich auch die Start-up-Szene in Berlin anschauen (siehe Abschn. 5.5).

Deekeling: Und was war Ihr Antrieb für die Reise?

Rühl: Ich wollte sehen, welche Dynamik da entsteht und wie Digitalisierung und Vernetzung vorangetrieben werden. Wichtig ist, sich klarzumachen, dass die digitale Vernetzung exponentiell an Bedeutung gewinnen wird. Die technischen Möglichkeiten sind da und es ist auch in der Stahlindustrie nur eine Frage der Zeit, bis alles, was digitalisiert werden kann, digitalisiert wird.

Kapitalmarkt und Investoren: Den Spagat zwischen Liefern und Ausprobieren aushalten

Deekeling: Wenn wir den Blick Richtung Kapitalmarkt und Investoren richten: War Ihr Digitalisierungskurs mit großer Aufklärungsarbeit verbunden? Ist das von vornherein eine Businessplanung gewesen? Oder waren das eher allgemeine Gespräche? Wie nähert man sich so einem radikalen Strategiethema an?

Rühl: Die Investorenseite ist sicherlich nicht einfach zu überzeugen, da unsere Aktionäre in Klöckner überwiegend als Stahlwert investieren. Darüber hinaus war die Aktienkurs-Performance aufgrund der Branchenkrise in den letzten Jahren nicht zufriedenstellend. Wir haben die Grundzüge und Motive unserer Digitalisierungsstrategie aber sehr frühzeitig kommuniziert und erklärt, warum wir uns auf den Weg machen. Das wurde zunächst zwar nicht grundsätzlich negativ, jedoch eher skeptisch betrachtet. Erschwerend für die Kommunikation mit Investoren kommt hinzu, dass wir mit der Industrieplattform absolutes Neuland betreten und im weiteren Entwicklungsprozess vieles noch offen ist. Die zentrale Frage für Investoren ist ja: Wann gibt es zählbare Ergebnisse? Wann wird geliefert? Und das lässt sich hier eben nicht so einfach beantworten. Wenn es nur um einen Web-Shop ginge, dann könnten wir sagen, wie viel wir pro Bestellung sparen. Das ist relativ schnell greifbar.

Deekeling: Und bei der Plattform ist das anders …

Rühl: Ja. Eine Plattform kreiert Mehrwert durch die Anzahl der Teilnehmer: je mehr Teilnehmer, desto höher der Wert der Plattform. Das hat nicht unbedingt unmittelbar positive Auswirkungen auf die Marge. Sogar das Gegenteil ist möglich: Amazon hat am Anfang kein Geld verdient, aber der Wert des Unternehmens ist ständig gestiegen. In so einer Situation braucht man eine grundsätzliche Strategie und eine Vorstellung, wie künftig Geld verdient wird.

Deekeling: Wie sind Sie konkret mit diesem kommunikativen Dilemma umgegangen?

Rühl: Wir holen Investoren und Analysten verstärkt nach Berlin zu kloeckner.i, um ihnen dort zu zeigen, was wir machen und was wir vorhaben. Wir haben beispielsweise einen Analysten, der die Digitalisierung bei uns in der Anfangsphase besonders skeptisch gesehen hat, nach Berlin eingeladen und ihm alles vor Ort erklärt. Nach seinem Besuch bei kloeckner.i hat er das Kursziel für die Klöckner-Aktie allein wegen der Digitalisierung um einen Euro erhöht. Damit bewertet er unsere Digitalisierungsaktivitäten bereits heute mit rund 100 Mio. EUR.

kloeckner.i: ‚Showroom' für die digitale Roadmap

Deekeling: Aber das heißt: Sie haben so eine Art Showroom geschaffen? Ich übertreibe ein bisschen, um noch mal das Kommunikative herauszustellen. In den Sie die Leute reinholen, ihnen zeigen, demonstrieren …

Rühl: Ganz klar: kloeckner.i ist auch ein Showroom – nach innen und nach außen. Also nicht nur für Investoren, Analysten und Journalisten, sondern auch für unseren Aufsichtsrat und den Betriebsrat. Wir haben inzwischen Vertreter sämtlicher Stakeholder-Gruppen zu kloeckner.i eingeladen. Dort können wir an Ort und Stelle demonstrieren, wie wir Digitalisierung verstehen. Unsere Mitarbeiter können bis ins letzte Detail erklären, woran sie arbeiten und wie die auftretenden Probleme gelöst werden. Es ist für Besucher sehr überzeugend, wenn sie darüber nicht nur mit dem CEO sprechen können, sondern mit dem einzelnen Mitarbeiter, der für die praktische Umsetzung verantwortlich ist. Das hinterlässt mehr Eindruck als jedes PowerPoint-Chart und jeder Business Case. Außerdem können wir bei diesen Besuchen ein Gefühl für die Sichtweisen der verschiedenen Stakeholder entwickeln. Das ist sehr hilfreich. Interessanterweise waren übrigens die Medien grundsätzlich interessierter und haben insbesondere in der Anfangsphase positiver reagiert als der Kapitalmarkt, der dem Thema aber mittlerweile auch mehr und mehr Bedeutung beimisst.

Vernetzung mit Start-up-Szene: Substanz haben, nicht nur plakativ sein
Deekeling: Suchen Sie mit kloeckner.i auch ganz gezielt die Vernetzung in die Start-up-Szene von Berlin? Darum bemühen sich ja immer mehr große Unternehmen.

Rühl: Die Start-up-Szene ist für uns ein ganz wichtiger neuer Stakeholder. Natürlich suchen wir die enge Vernetzung und den Austausch. Wir hatten in Berlin den First-Mover-Vorteil. Inzwischen sind wir in der Start-up-Szene recht bekannt. Begonnen hat das mit einem Tisch im *betahaus*, einem Coworking Space. Dass wir uns – als Stahlhändler – unter die ganzen jungen Unternehmensgründer und Kreativen dort gemischt haben, ist natürlich aufgefallen, und zwar positiv. Von Anfang an war das Interesse der Start-up-Szene an uns außerordentlich groß. Und wir pflegen diese Kontakte nach wie vor intensiv.

Eins ist wichtig im Umgang mit der Szene: Die Leute in den Start-ups merken sofort, wenn jemand nur nette Gespräche führen will. Dafür haben die keine Zeit – dann sind sie ganz schnell wieder draußen. Wenn man die Digitalisierung aber ernsthaft betreibt, öffnen sich viele Türen. Wir bekommen durch unseren guten Ruf in der Szene immer bessere Mitarbeiter. Die hätten vor zwei Jahren nicht mal im Traum daran gedacht, für Klöckner zu arbeiten. Jetzt kommen sie zu uns, weil wir in der Berliner Szene als Paradebeispiel für eine digitale Transformation im B2B-Bereich gelten.

‚Digitale Talente': Erwartungen und Anforderungen an das Unternehmen gerecht werden
Deekeling: Also auch dieser Mitarbeitertypus wird für Sie interessant? Den zu gewinnen und mit dem traditionellen Haus zu verbinden?

Rühl: Wir brauchen nun mal die Besten, schon wegen der Komplexität der Aufgabe. Deshalb positionieren wir uns so, dass wir den Zugang zu diesen Leuten finden. Die haben aber klare Erwartungen an die Prozesse im Unternehmen. Sie sind daran gewöhnt, dass Entscheidungen schnellstens getroffen und umgesetzt werden. Das verlangen sie auch von Klöckner. Dieser Typus ist nur motiviert, wenn er etwas bewegen kann, wenn

Pläne auch umgesetzt werden. Wenn wir für jede Entscheidung vier Wochen brauchen würden, wären die ganz schnell wieder weg.

Internes Involvement: Design Thinking statt klassisches Innovationsmanagement

Deekeling: Lassen Sie uns den Blick auf die Führungskräfte und Mitarbeiter in Ihrem Konzern richten. Wie haben Sie denen das Thema Digitale Transformation nahegebracht?

Rühl: Indem ich mich an die Spitze der Bewegung gesetzt und der gesamten Belegschaft die Wichtigkeit des Themas immer wieder verdeutlicht habe. Obendrein habe ich für einen Kulturwandel gesorgt und innovative Arbeitsweisen wie das Design Thinking im Unternehmen etabliert. Zunächst haben wir eine Führungskräfteveranstaltung organisiert und uns einen Tag nur mit Design Thinking beschäftigt. Das Ergebnis hat mich begeistert. Da kamen 30 Vorschläge zusammen, die wir übrigens bei kloeckner.i weiterverfolgt und in Teilen bereits umgesetzt haben.

Aber der eigentliche Erfolg war, dass unsere Landesgesellschaften im Nachgang das Design Thinking als Arbeitsweise für verschiedene Projekte adaptiert haben. Das hat ganz schnell eine Eigendynamik entwickelt und musste dann nicht mehr von mir getrieben werden.

Daneben haben wir ein Emerging-Leaders-Programm, bei dem sich potenzielle zukünftige Niederlassungsleiter mit der Digitalisierung und den Arbeitsweisen aus der Start-up-Szene beschäftigen. Mittlerweile kann sich zudem jeder Mitarbeiter von Klöckner & Co über unsere Digital Academy zu Digitalthemen – wie beispielsweise dem Design Thinking – online fortbilden.

Deekeling: Ist der Design-Thinking-Ansatz also auch ein edukatives Instrument, sich in dieses neue Denken und in die neuen Entwicklungsmuster, die die digitale Transformation ja auch tragen, einzufinden?

Rühl: Ja, Design Thinking ist wichtig, auch was die kulturelle Transformation anbelangt. Dazu kommt der „Lean-Start-up"-Gedanke. Die Herangehensweise, zunächst nur das Notwendigste zu machen und später sukzessive Verbesserungen vorzunehmen, lässt sich in vielen Bereichen anwenden und hilft dabei, uns als Unternehmen im Ganzen schneller und wendiger zu machen.

Dazu muss ich aber auch sagen, dass uns dieser Weg von vornherein nicht so klar war. Er war nicht so geradlinig, wie er jetzt erscheinen mag. Vielmehr ist er das Ergebnis eines Lernprozesses, der viel mit Trial & Error zu tun hat. So haben wir ganz am Anfang mit dem klassischen Innovationsmanagement begonnen und ein Innovationsteam gegründet. Damit sind wir aber nicht weit gekommen, weil Vorbehalte und Skepsis ein wirklich innovatives Denken immer wieder verhindert haben. Erst dann haben wir es mit dem Design Thinking versucht. Und das hat uns – auch kulturell – wirklich vorangebracht.

Mitarbeiterkommunikation: Unmittelbare Kommunikation durch Yammer
Deekeling: Was hat sich in Ihrer Kommunikation mit den Mitarbeitern verändert?

Rühl: Ein Meilenstein war die Einführung der Kommunikationsplattform Yammer – mittlerweile das für mich mit Abstand wichtigste interne Medium. Denn es hat die Kommunikation komplett verändert. Als CEO eines Konzerns mit weitverzweigtem Niederlassungsgeschäft haben Sie das Problem, dass Ihre Botschaften häufig nicht wie gewollt zu den Mitarbeitern durchdringen. Es besteht die Tendenz, dass selbst wichtige Informationen über die Hierarchieebenen hinweg gefiltert, verkürzt oder verzögert weitergegeben werden.

Deekeling: Und mit Yammer ist das anders geworden? Auch, dass Sie in dieser Unmittelbarkeit erlebt werden?

Rühl: Wie gesagt: Es hat die Kommunikation komplett verändert. Ich kann mit Yammer über alle Hierarchieebenen hinweg mit allen teilnehmenden Mitarbeitern direkt kommunizieren. Ich kann damit Themen direkt kommentieren oder, wenn ich etwas Interessantes finde, das auch von unterwegs ganz einfach posten. Darüber hinaus verschaffe ich mir durch das Lesen von aktuellen Diskussionen einen sehr guten Überblick darüber, was im Unternehmen passiert und die Mitarbeiter bewegt. Das Engagement unserer Mitarbeiter auf Yammer ist außerordentlich hoch; sie posten und diskutieren sehr aktiv. Das ist wunderbar. Positiv befördert haben wir dieses Engagement, indem wir beim Rollout von Yammer nur ein ganz schmales Regelwerk aufgestellt haben. Es können sich zu jedem Thema Gruppen bilden und die Mitarbeiter über alle Grenzen hinweg miteinander kommunizieren. Und das ist, um die Transformation voranzutreiben, unglaublich wichtig.

Mitarbeiterängste: Win-win-Situation herstellen
Deekeling: Wird da auch über Ängste und Betroffenheiten gesprochen? Bekommen Sie das mit? Bei der Digitalisierung geht es ja auch immer um die Angst vor dem Verlust des Arbeitsplatzes.

Rühl: Die gibt es natürlich und ich nehme sie sehr ernst. Da muss man sich Zeit nehmen und sehr differenziert erklären: Wenn wir in Zukunft überhaupt noch physische Distribution betreiben wollen, müssen wir uns jetzt bewegen und unser Geschäftsmodell neu ausrichten. Wer jetzt einfach abwartet, hat keine Zukunft. Der braucht dann gar keine physischen Assets mehr – und auch keine Mitarbeiter.

Anhand von Beispielen wie dem bereits erwähnten AXOOM-Projekt verdeutliche ich meinen Leuten, dass Stahlhändler, die den digitalen Wandel nicht vorantreiben, für einen wachsenden Anteil von Geschäften von vornherein gar nicht mehr in Frage kommen.

Eine weitere Maßnahme ist, dass wir allen Mitarbeitern die Möglichkeit geben, sich über besagte Digital Academy weiterzubilden. Wir versuchen, auf diese Weise Win-win-Situationen zu kreieren. Und wir sind ehrlich. Wo andere behaupten, dass die Digitalisierung auf Dauer mehr Arbeitsplätze schafft als vernichtet, sage ich: Das kann niemand vorhersagen. Wir sorgen dafür, dass unsere Mitarbeiter fit für ihre berufliche Zukunft sind – egal, wie der Arbeitgeber dann heißt.

Betriebsräte und Gewerkschaften mit auf die Reise nehmen
Deekeling: Binden Sie da auch die Betriebsräte und Gewerkschaften ein? Wie gehen die mit der Digitalisierung von Klöckner um?

Rühl: Unsere Betriebsräte sind natürlich sehr wichtige Stakeholder, mit denen wir einen intensiven Austausch pflegen. Erst vor wenigen Monaten haben wir sie mit auf eine Start-up-Tour nach Berlin genommen. Und auch die letzte Sitzung unseres europäischen Betriebsrates fand in Berlin statt. Das hat dazu geführt, dass unser Betriebsratsvorsitzender auf einer internen Versammlung sinngemäß erklärt hat: „Wir befürchten zwar, wenn wir nicht wachsen, dass die Digitalisierung Arbeitsplätze kosten könnte. Trotzdem unterstützen wir den eingeschlagenen Kurs, denn ohne den digitalen Wandel bei Klöckner sind langfristig weitaus mehr Arbeitsplätze gefährdet."

Die drei wichtigsten Ratschläge: Kommunikation mit Substanz – Alle Stakeholder im Blick haben – Versuch und Irrtum einfordern
Deekeling: Wenn Sie drei Ratschläge für CEO-Kollegen im Hinblick auf die Kommunikation äußern sollten: Welche wären das?

Rühl: Zunächst einmal muss die Kommunikation Substanz haben. Vermeiden Sie Allgemeinplätze wie: „Auch für uns ist die Digitalisierung von höchster Wichtigkeit." Zeigen Sie, dass Sie es ernst meinen mit dem Wandel und treiben Sie die Digitalisierung sichtbar mit ganzer Kraft voran.

Der nächste Punkt: Man muss wirklich alle Stakeholder erreichen und mitnehmen. Wenn wir unsere Kunden davon überzeugen wollen, sich mit uns digital über eine offene Plattform zu vernetzen, dann müssen zunächst alle Mitarbeiter auf allen Ebenen überzeugt werden. Das funktioniert nur mit einer direkten Kommunikation, unterstützt durch innovative Tools wie Yammer.

Und zum Schluss sollte ein CEO Versuch und Irrtum einfordern und Fehler zulassen. Er sollte zulassen, dass man Dinge trotz Ungewissheit mutig vorantreibt. Wir probieren bei Klöckner vieles aus – und wenn es nicht funktioniert, wird es korrigiert. Nur auf diese Weise gewinnen wir Geschwindigkeit – und die ist erfolgskritisch im Wettbewerb. Gerade das machen uns ja das Silicon Valley und die Start-ups in Berlin vor.

Deekeling: Letzte Frage: Die spannendsten Erlebnisse, seitdem Sie die Reise ins Silicon Valley gemacht haben und versuchen, den Konzern umzustellen, zu transformieren? Welche waren das?

Rühl: Das Beste war der Moment, in dem die Digitalisierung in unseren Landesgesellschaften eine Eigendynamik entwickelt hat. Das war das Ziel! Beispielsweise hat die deutsche Gesellschaft an jedem Standort Digitaltage organisiert. Und zusätzlich wurde eine Broschüre entwickelt, *Wie verkaufe ich digitale Lösungen*. Als ich das gesehen habe, war ich total begeistert – insbesondere weil ich davon überhaupt nichts mitbekommen hatte bis zur Veröffentlichung.

Sehr positiv ist auch die rasante Entwicklung unserer Aktivitäten in Berlin, der ebenfalls keine lange Planung vorausgegangen ist. Irgendwann war der Tisch im *betahaus* zu klein und wir mussten dort raus. Dann haben wir uns Büroräume gesucht und eine eigene Firma gegründet: kloeckner.i. Jetzt sind wir bereits über 40 Leute vor Ort – und wollen bis Ende 2017 weitere 20 Mitarbeiter einstellen.

Deekeling: Herzlichen Dank, Herr Rühl, für Ihre sehr aufschlussreichen und informativen Ausführungen.

3.2 Was den digitalen CEO vom analogen CEO unterscheidet

Dwight Cribb

Jeder dritte Deutsche zeichnet laut einer aktuellen Studie Gesundheitsdaten wie Schlafdauer oder den Blutdruck, die Anzahl der gelaufenen Schritte oder Ernährungsinformationen per App, Fitness-Armband und Computer-Uhr auf. Zählt man dann noch die Anzahl der Smartphones hinzu, die mit dem Launch des iPhones vor knapp neun Jahren nicht nur unser Kommunikationsverhalten, sondern auch unsere Ansprüche an die Personalisierbarkeit von Geräten radikal verändert haben, wird schnell klar: Unser Leben ist bereits vernetzt – und wir stecken mittendrin in der digitalen Revolution.

Diese gesellschaftliche Entwicklung hat natürlich auch Auswirkungen auf Unternehmen – und das ist den Unternehmenslenkern bewusst. Innovationen wie zum Beispiel die Investments von Mercedes in car2go, mytaxi und moovel oder die Entwicklung einer eigenen Internet-Plattform für den Stahlhandel von Klöckner (siehe auch Abschn. 3.1) verdeutlichen, dass sich Kundenbedürfnisse verändert haben und Unternehmen mit neuen Produkten und Dienstleistungen – häufig fernab ihres Kerngeschäfts – darauf eingehen müssen.

Radikales Umdenken statt Programmierkenntnisse

Mercedes und Klöckner scheinen Vorreiter zu sein. Doch wie schaffen es Unternehmen, sich den Herausforderungen der digitalen Transformation zu stellen, die mit aller Macht alles bisher Dagewesene in Frage stellt und gar niederzureißen droht? Können solche Innovation nur von einem Digital Native angestoßen werden und muss der klassische CEO seinen Hut nehmen und gehen? Oder muss sich der „analoge" CEO zum digitalen CEO wandeln?

Meiner Meinung nach geht es nicht darum, dass sich der analoge CEO zum digitalen Tausendsassa entwickeln muss. Er soll weiterhin das tun, was seine eigentliche Aufgabe ist: die Zukunftsfähigkeit des Unternehmens sicherstellen. Dazu zählen die Verantwortung für die Produkt- und Unternehmensstrategie, die Positionierung, die Preispolitik, die Margen, für alle Aspekte, die das Unternehmen bestimmen und definieren.

Sicherlich entwickeln Strategieabteilung und funktionale Bereiche die jeweiligen Komponenten, aber beim CEO laufen die Fäden zusammen und er muss den richtigen Mix orchestrieren. Er ist derjenige, der die finale Bewertung vornimmt, wie die Zukunft des Unternehmens aussehen soll und wie es aufgestellt sein muss, um die nächsten Dekaden zu überleben.

Angesichts der Digitalisierung ist es aber heute mehr denn je existenziell, dass der CEO den Blick in die Glaskugel wagt und sich folgende zentrale Fragen stellt: Was ist der Kern meines Unternehmens, welche Daseinsberechtigung werden wir in Zukunft haben? Auf welche Grundlagen stützt sich meine jetzige Marktposition und wo sind diese Kernkompetenzen durch die digitale Welt gefährdet? Es geht nämlich nicht mehr darum, marginale Produkt- und Prozessverbesserungen zu entwickeln, sondern über radikal neue Geschäftsmodelle nachzudenken. Dazu müssen CEOs den Blick in die Vergangenheit, auf Gelerntes vermeiden. Die Fragen der Zukunft lassen sich nicht mit den Methoden der Vergangenheit beantworten.

Was der analoge CEO nicht kann

Stattdessen bedarf es eines vorausschauenden CEOs an der Unternehmensspitze. Es braucht einen Lenker, der Veränderungen akzeptiert und antizipiert, diese auf die Agenda hebt und salonfähig macht und die richtigen Prioritäten setzt. Der Investitionen tätigt, kompetente Digitalköpfe in seinen Teams implementiert und stärkt – und der im Zweifel auch alte Zöpfe abschneidet. Dies erfordert einen gravierenden Wandel der Unternehmensstrategie und -kultur sowie einen – teilweise schmerzhaften – Veränderungsprozess, der mit althergebrachten Strukturen und Prozessen bricht.

Der CEO muss konsequent fortschrittlich und vorausschauend agieren. Und hier liegt die Schwierigkeit, die analoge CEOs überwinden müssen: Menschen denken linear und können sich exponentielles Wachstum nicht vorstellen. Aber genau dies ist für die Digitalisierung existenziell. Denn die Veränderungsgeschwindigkeit wächst exponentiell: Heute werden mehr Informationen in jeder Sekunde eines durchschnittlichen Tages über das Internet ausgetauscht, als vor 20 Jahren überhaupt im gesamten Internet gespeichert waren.

Effizienzdenken verhindert Innovation

Schnelligkeit und Agilität stehen in einer digitalen Wirtschaft im Fokus. Unternehmen müssen anders funktionieren, um besser reagieren zu können. Ein Umdenken ist notwendig, denn in den letzten Dekaden haben zahllose Unternehmensberatungen die Unternehmen und deren Führungskräfte auf Effizienz getrimmt mit dem Ziel, Prozesse zu standardisieren und kurzfristige Ergebnisse zu optimieren.

Aber Innovation ist das Gegenteil von Effizienz!

Wer zu neuem Denken anregen will, muss Freiräume schaffen, die Unsicherheit mit sich bringen, da das Ergebnis nicht bekannt ist und im Zweifel auch wieder verworfen werden kann.

Wer als CEO hier noch der Annahme hinterherläuft, er könne das Thema Digital auf der Bereichsleiter-Ebene parken, liegt falsch. Digital Leadership bedeutet, ein Arbeitsumfeld zu kreieren, welches den Mitarbeitern ermöglicht, positiv mit diesen Veränderungen umzugehen. In dem Trial & Error gelebtes Prinzip ist und Fehler nicht als Makel abgetan werden. Dieser Kulturwechsel im Unternehmen kann nur stattfinden, wenn er von ganz oben vorgelebt, gewünscht und getragen wird.

Die gute Nachricht: Um diesen Wandel zu gestalten, bedarf es keiner Programmierkünste vonseiten des CEOs. Es braucht keinen digitalen Alleskönner, sondern einen „digital ready" CEO. Er muss nicht alles verstehen, aber alles möglich machen.

Dieser Text erschien zuerst auf manager-magazin.de, *wo Dwight Cribb als Kolumnist publiziert* (http://www.manager-magazin.de/unternehmen/artikel/ceo-im-wandel-hat-der-traditionelle-geschaeftsfuehrer-ausgedient-a-1077399-2.html). *Der Abdruck erfolgt mit freundlicher Genehmigung der manager magazin Verlagsgesellschaft mbH.*

Über die Autoren

Dwight Cribb, Cribb Personalberatung, ist Gründer und Geschäftsführer des Beratungsunternehmens, das seit 1998 führende internationale Internetunternehmen bei der Besetzung von Geschäftsführungspositionen berät. Seit etwa zehn Jahren unterstützen Cribb und sein Team zudem immer mehr Konzern- und Mittelstandskunden bei der Besetzung von Toppositionen mit ausgesprochener Digitalkompetenz. Der gebürtige Brite mit Hamburger Wurzeln studierte Marketing und Psychologie und erwarb einen MBA mit Schwerpunkt International Business. Vor Gründung seiner Beratung war er in den Bereichen Electronic Publishing und Videokonferenz-Systeme tätig. Er gilt als einer der führenden deutschen Berater im Digitalbereich und wurde 2016 als „Headhunter of the Year" ausgezeichnet.

Gisbert Rühl, Klöckner & Co SE, ist nach mehreren Stationen in leitenden Positionen in der Industrie und Beratung seit 2005 im Vorstand des Klöckner & Co Konzerns – zunächst als Finanzvorstand und seit 2009 als Vorsitzender des Vorstands. In diesen Funktionen hat er den Stahlhändler mit weltweit rund 170 Standorten erfolgreich durch die Branchenkrise geführt.

Aktuell treibt Gisbert Rühl mit voller Kraft die digitale Transformation von Klöckner & Co voran, bei der das Unternehmen eine Vorreiterrolle in der Stahlindustrie einnimmt. Dafür hat er Anfang 2015 mit kloeckner.i in Berlin eine eigene Digitalisierungsgesellschaft gegründet, die aktuell über 40 Mitarbeiter beschäftigt. Das Ziel ist der Aufbau einer Industrieplattform für den Stahlhandel. Bereits 2019 soll Klöckner & Co mehr als 50 % des Umsatzes über digitale Kanäle erzielen.

4 Die Rolle der Unternehmenskommunikation

Christof Ehrhart, Christoph Hardt und Patrick Maloney

Zusammenfassung

Digitale Transformation verändert auch die Rolle der Unternehmenskommunikation. Das betrifft nicht nur technologische Aspekte. Analoge Instrumente durch digitale Kanäle zu ergänzen oder völlig zu ersetzen – dieser Ansatz greift zu kurz. Kommunikation in der digitalen Transformation ist nicht einfach mit der Digitalisierung von Kommunikation gleichzusetzen. Es geht vielmehr um neue Prozessmuster und ein neues Selbstverständnis der Unternehmenskommunikation. Die Autoren dieses Kapitels schildern ihre Erfahrungen auf dem Weg zu einer neuen Rolle der Unternehmenskommunikation. Christof Ehrhart analysiert die großen Wirkkräfte, die ein neues Kommunikationsmanagement im digitalen Zeitalter notwendig machen, und zeigt, welchen Ansatz die Deutsche Post DHL Group dabei verfolgt. Die neue Rolle der Unternehmenskommunikation drückt sich auch in neuen Organisationsformen aus: Christoph Hardt benennt Erfolgsfaktoren und Stolpersteine bei der Einrichtung eines

C. Ehrhart (✉)
Deutsche Post DHL Group, Bonn, Deutschland
E-Mail: christof.ehrhart@dpdhl.com

C. Hardt
Gesamtverband der Deutschen Versicherungswirtschaft e. V., Berlin, Deutschland
E-Mail: C.Hardt@gdv.de

P. Maloney
Frankfurt a. M., Deutschland
E-Mail: pmaloney@heringschuppener.com

E. Deekeling und D. Barghop (Hrsg.), *Kommunikation in der digitalen Transformation,* DOI 10.1007/978-3-658-17630-3_4

Newsrooms. Der Kommunikationsberater Patrick Maloney widmet sich abschließend der veränderten Rolle und Bedeutung der Internen Kommunikation in der digitalen Transformation.

4.1 Unternehmenskommunikation in der (digitalen) Postmoderne: Alles auf neu?

Christof Ehrhart

Jede Phase der Industrialisierung wurde von einem Schlüsselmedium begleitet, das die für die jeweilige Wirtschaftsweise erforderliche Bereitstellung und Verbreitung von Information ermöglicht bzw. gefördert hat (Rifkin 2011). Waren die auf Rotationspressen gedruckten Plakate und Zeitungen die Leitmedien der von Dampfmaschine und Eisenbahn geprägten ersten industriellen Revolution, so schufen Radio und Fernsehen die massenmedialen Kommunikationskanäle für die v. a. von Chemie, Elektrotechnik und Automobil getragene zweite industrielle Revolution.

Mit dem Internet erleben wir seit rund zwei Jahrzehnten die sich zunehmend beschleunigende Entfaltung des jüngsten Leitmediums der Wirtschaftsgeschichte in einer dritten industriellen Revolution, die mit der Digitalisierung physischer Geschäftsmodelle und -prozesse vor allem im Dienstleistungssektor ihren Anfang genommen hat, aber aktuell dem exakt umgekehrten Trend der zunehmenden physischen Manifestierung digitaler Vernetzung – von Mensch zu Maschine bzw. Maschine zu Maschine – folgt. Mit Innovationen wie der Datenbrille zur Ergänzung menschlicher Sinneseindrücke, der sich selbst wartenden Maschine oder dem selbstfahrenden Auto tritt das Digitale in unsere physische Lebenswelt ein.

Paradigmen und Managementmethoden der Kommunikation

Die Begrenzungen, Potenziale und Wirkungen der jeweiligen Leitmedien in den ökonomischen Epochen wie auch die Besonderheiten der wirtschaftlichen und gesellschaftlichen Verhältnisse haben zugleich die Entwicklung der Unternehmenskommunikation beeinflusst. Jede industrielle Revolution hat ihr eigenes kommunikatives Paradigma zur Vermittlung zwischen Unternehmen und Gesellschaft – inklusive der erforderlichen Arbeitsweisen und Managementmethoden – geprägt. Der Bogen reicht von *Propaganda* mit dem Ziel der Kontrolle bzw. Steuerung öffentlicher Meinung im Zeitalter knapper medialer Kommunikationskanäle über die Beeinflussung der Öffentlichkeit durch *Public Relations (Öffentlichkeitsarbeit)* im Zeitalter der elektronischen Massenmedien bis zum Vertrauens- bzw. Reputationsaufbau, wie er im Zeitalter der digitalen Medien bis heute den *State of the Art* der Kommunikationsarbeit in den Unternehmen darstellt.

Was Ressourcensteuerung und Führung angeht, so folgte naturgemäß auch die Disziplin Unternehmenskommunikation als unternehmerische Teilfunktion den jeweils vorherrschenden Methoden. Der in den Phasen von Propaganda und PR zunächst vorherrschende *Taylorismus* (Frederick Winslow Taylor, 1856–1915), für den die hierarchisch geprägte horizontale und vertikale Arbeitsteilung wesentlich ist und der im *Fordismus* (Henry Ford, 1863–1947) seinen Höhepunkt erlebte, wurde in der Phase der dritten industriellen Revolution endgültig von modernen Managementmethoden abgelöst, zu denen vor allem Peter Drucker (1909–2005) mit seinen Überlegungen zum „Management by Objectives" inspiriert hat (Drucker 1954; Vahs 2009). In dieser Tradition steht auch das aktuelle Paradigma der Unternehmenskommunikation, für das sich konsequent der Begriff des *Kommunikationsmanagements* eingebürgert hat (vgl. Abb. 4.1).

Obwohl die Unternehmenskommunikation ganz offensichtlich einen mehr als ein Jahrhundert währenden Reifungsprozess durchlaufen hat, der zu einer ganz erheblichen Professionalisierung der Arbeitsweisen geführt hat, so ist sie dennoch bis heute einer Arbeitsweise verhaftet, die in der vordigitalen Logik der medialen Kommunikation wurzelt und der Hauptzielrichtung *von innen nach außen* folgt. Diese Logik war schon bei den wesentlichen Vertretern der PR-Gründerzeit, Edward Bernays und Arthur Page, angelegt. Wo Bernays als Ziel der internen und externen Kommunikationsarbeit „engineering of consent" (Bernays 1952) im Interesse des Unternehmens als Aufgabe sah, stellte Page „building good will for the company" (Page 1932) in den Mittelpunkt. Die Aufgabe des Unternehmens als soziales System besteht in dieser Sichtweise also in der Beeinflussung – im Sinne von *Überredung* oder *Überzeugung* – der Umwelt.

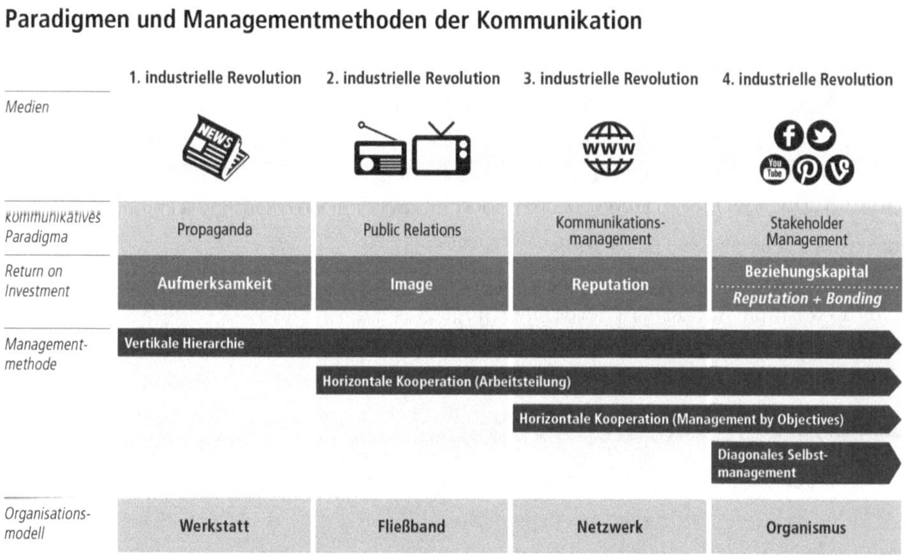

Abb. 4.1 Paradigmen und Managementmethoden der Kommunikation. (Quelle: Deutsche Post DHL Group)

Anforderungen der Postmoderne

Das überkommene unilaterale Verständnis der Aufgabenstellung von Unternehmenskommunikation wird den aktuellen Anforderungen in der ersten Hälfte des 21. Jahrhunderts nicht mehr gerecht, und zwar unabhängig davon, wie professionell es praktisch umgesetzt wird. Wir erleben den Beginn einer ökonomischen Postmoderne, die das gesellschaftliche Umfeld ökonomischer Wertschöpfung grundlegend verändert und daher unser überkommenes Verständnis von Kommunikationsmanagement grundsätzlich infrage stellt.

Die aktuelle Wegscheide für die Unternehmenskommunikation erklärt sich aus gesellschaftlichen Veränderungen, die auch die Folgen der eingangs beschriebenen Digitalisierung in der dritten industriellen Revolution einschließen, aber deutlich über sie hinausgehen. Zum einen ist die Weltwirtschaft in die dritte Phase der Globalisierung eingetreten, in der ehemalige Entwicklungsländer zunehmend erfolgreich in die Märkte der westlichen Welt exportieren und in deren Folge ihre bisher lokal und regional agierenden Unternehmen selbst Global Player werden. Zwar ist die Welt noch nicht wirklich „flach" (Friedman 2005), aber die weltweite Vernetzung nimmt kontinuierlich zu; dieser Trend ist entgegen aller kritischen Prognosen der vergangenen Jahre intakt (Ghemawat und Altman 2016). Zugleich sind Fragen unternehmerischer Verantwortung, die weit über den Umweltschutz hinausgehen, in der letzten Dekade durch Auswüchse wie den Casino-Kapitalismus in Teilen des Investment-Bankings oder krisenhafte Zuspitzungen wie zuletzt *Dieselgate* ins Bewusstsein der Öffentlichkeit gerückt.

In der Folge sind die „Meta-Diskurse" – wie der französische Philosoph Jean-François Lyotard die sozialen Debatten zur Klärung von grundlegenden Legitimitätsfragen bezeichnete – im Falle der wirtschaftlichen Wertschöpfung in Veränderung begriffen. Bildeten die Phasen der ersten und zweiten industriellen Revolution zusammen mit der Frühphase der dritten industriellen Revolution eine weitgehend konsistente Epoche der *ökonomischen Moderne,* die von Fragen nach Prosperität und Wachstum geprägt war, zeichnen sich in der jetzt heraufziehenden *ökonomischen Postmoderne* Sinn und Verantwortung als neue Leitthemen dieses Austauschs ab (Lyotard 2012).

Eine neue Generation von Kommunikatoren

Der sich hier entfaltende Wertewandel verändert nicht nur die Adressaten von Unternehmenskommunikation, sondern natürlich auch die Kommunikatoren selbst. Auf die Generation X (Coupland 1992) der zwischen den frühen 60er und den frühen 80er Jahren Geborenen, die heute noch das Rückgrat der Unternehmenskommunikation in den meisten Unternehmen bilden, folgt Schritt für Schritt die Generation Y, deren Geburtstage zwischen den frühen 80er Jahren und dem Ende des Jahrtausends liegen.

Das Lebensgefühl der unter dem Eindruck des Kalten Krieges sozialisierten Generation X oszilliert traditionell zwischen Zukunftsangst und Leistungsorientierung. Die Generation Y hingegen profitiert von der Dualität aus Globalisierung und digitaler Revolution: Ihr Leben ist geprägt vom technologischen Fortschritt und einer Vielfalt von

Handlungsoptionen in Konsum und Lebensgestaltung, die Chancenvielfalt, aber natürlich auch Unübersichtlichkeit bedeuten.

Wie sich dieser Unterschied auf die Arbeitswelt auswirkt und welche Erwartungen die junge Generation an das Berufsleben hat, ist zwischenzeitlich auch jenseits der (zu) einfachen Formel „Generation X = Karriereorientierung, Generation Y = Sinnsuche" vermessen worden. Tatsächlich sind die Erwartungen an einen guten Arbeitsplatz in vielen Punkten identisch – mit einer wesentlichen Abweichung. Wie das Meinungsforschungsinstitut dimap 2015 in einer repräsentativen Befragung zur Arbeitszufriedenheit der Deutschen ermittelt hat, will der typische Vertreter der Generation Y vor allem eine Aufgabe, bei der man eigene Ideen verwirklichen kann. Die Generation X hingegen legt mehr Wert auf das Ansehen und die äußere Wahrnehmung der eigenen Rolle.

Eine interessante Tiefenbohrung in die spezifischen Berufserwartungen der Generation Y im Kommunikationsmanagement hat Ulrike Röttger vorgenommen, die bereits 2014 mehr als 200 Studierende mit dem Berufsziel Kommunikationsmanagement in der entsprechenden Alterskohorte befragt hat (Röttger und Stahl 2015). Auch hier zeigen sich Unterschiede, die nicht groß, aber fein sind: Die bevorzugte Disziplin des Kommunikationsnachwuchses ist nicht – wie es klassisch der Fall war – Media Relations und auch nicht – wie es vielleicht angesichts der Mediengewohnheiten der *Digital Natives* aus der Generation Y zu erwarten wäre – die Online-Kommunikation, sondern die nach innen gerichtete Mitarbeiterkommunikation. Und bei der Erwartung an das zukünftige Team steht dessen Akzeptanz im Unternehmen an oberster Stelle, nicht Budgets oder Personalstärke.

Im Ergebnis entsteht das Weichbild einer neuen Generation von Kommunikatoren, die Unternehmenskommunikation weniger tayloristisch-fremdbestimmt als eher ganzheitlich-eigenverantwortlich betreiben will – innovative Arbeitsmethoden inklusive. Natürlich kann das auch Effizienzpotenziale heben helfen, ist aber eben auch Ausdruck des spezifischen Arbeits- und Lebensgefühls der Generation Y.

Am Beginn des Maschinenzeitalters der PR?

Wenn Kommunikationskanäle angesichts der Digitalisierung nicht mehr knapp sind, sondern via Social Media aus passiven Zielgruppen jederzeit aktive Stakeholder werden können, und zugleich die Anforderungen von externen wie internen Stakeholdern an Unternehmertum deutlich über wirtschaftlichen Erfolg hinausgehen, dann ergeben sich offensichtlich auch fundamental neue Anforderungen an erfolgreiche Unternehmenskommunikation.

Gelegentlich wird vor diesem Hintergrund auch schon der Abgesang auf die professionellen Kommunikatoren angestimmt. So argumentierte etwa der langjährige PR-Berater Robert Phillips in seinem 2015 erschienenen Buch *Trust me, PR is dead* (S. 53): „Unternehmen, denen man zukünftig vertraut, sind nicht auf PR und Kommunikation aufgebaut. […] Sie interessieren sich für das Wohlbefinden ihrer Kunden und wollen nicht nur ‚Zeug' verkaufen." Diese neuen Anforderungen an die Leistungsbilanz eines Unternehmens sorgen für kontinuierlichen Rechtfertigungsdruck. Wo in der Vergangenheit oftmals der Maßstab der Legalität zur Unterscheidung zwischen unternehmerisch „geboten" und „zu verwerfen" genügte, rückt heute der Aspekt der Legitimität – und damit die

Frage der gesellschaftlichen Akzeptanz – in den Vordergrund. In der Folge befinden sich Unternehmen mehr denn je im Zustand der latenten Kommunikationskrise.

Dieser Zustand wird nicht zuletzt durch die Wirkungsmechanismen der neuen medialen Hyper-Transparenz zusätzlich befördert. Anders gesagt: Unser klassisches Verständnis von Öffentlichkeit, das Unternehmen und Gesellschaft als sorgfältig getrennte Sphären mit begrenzter und damit kontrollierbarer Schnittmenge versteht, ist überholt. Im Zeitalter der ökonomischen Postmoderne sorgen v. a. Social Media für ungeahnte Durchlässigkeit und damit für die weitgehende Überlappung der zuvor getrennten Sphären. Wir erleben nicht nur einen tief greifenden Wandel wirtschaftlicher Wertschöpfungsprozesse und kommunikativer Verhältnisse, sondern der Gesellschaft insgesamt.

Gordon Crovitz, ehemaliger Herausgeber des *Wall Street Journal* und genauer Beobachter der digitalen Zeitenwende, sagt fundamentale Umwälzungen voraus: „Wir überschätzen immer die kurzfristigen Auswirkungen einer neuen Technologie auf das Verhalten von Konsumenten – und unterschätzen dann ihre langfristigen Folgen“ (Crovitz 2008). Er spricht vom „First Law of Technology“ und nennt das Smartphone als treffendes Beispiel. Und der in Oxford lehrende italienische Philosoph Luciano Floridi betitelt sein 2015 hierzu erschienenes Buch gleich *Die 4. Revolution* und legt überzeugend dar, dass Alan Turing – als Ur-Vater der Informatik – unser Weltbild ähnlich weitreichend verändert hat wie vor ihm nur Nikolaus Kopernikus, Charles Darwin und Sigmund Freud.

Damit stellt sich auch die Frage, welche signifikanten Auswirkungen dies für die Zukunft des Kommunikationsmanagements haben kann. Der stellvertretende Chefredakteur der britischen Ausgabe von *Wired,* Ben Hammersley, empfiehlt als Standardübung zur Überprüfung der Zukunftstauglichkeit von Produkten, Arbeitsweisen und Geschäftsmodellen im Übergang in die digitale Welt das Konzept des „Future Proofing“ (Hammersley 2015). Seine Annahme lautet: Alles, was auf einem prozessbeschreibenden Flow-Chart dargestellt werden kann, wird zukünftig von Maschinen erledigt. Als Beispiele nennt er wesentliche Elemente juristischer und sogar medizinischer Beratung.

Stehen wir am Beginn eines Maschinenzeitalters der PR? Es steht außer Frage, dass neue mediale Optionen, wie zum Beispiel die elektronischen Medien und dann eben auch das Internet, die Gestaltungsmöglichkeiten (wie natürlich auch die Herausforderungen) der Kommunikationsarbeit erweitert haben. Zugleich helfen neue Verfahren der Datenauswertung und -verknüpfung bei der Herstellung detaillierter und zeitnaher Lagebilder. Sicher werden sich in den genannten Bereichen auch neue datenbasierte, echtzeitorientierte Instrumente etablieren, die Effizienz und Effektivität des Kommunikationsmanagements steigern.

Der umgekehrte Turing-Test

Was das Wesen der Unternehmenskommunikation als Disziplin angeht, so entzieht sie sich aber der Flow-Chart-Logik von „Ja – Nein“ bzw. „Richtig – Falsch“ und ist damit prinzipiell zutiefst analog. Carl Benedikt Frey und Michael Osborne haben bereits 2013 in ihrer Studie *Zukunft der Beschäftigung – Wie anfällig sind Berufe für die Computerisierung?* betont, dass Aufgaben, die „soziale Intelligenz, Empathie, Überzeugungskraft und Verhandlungsgeschick" erfordern, weitgehend immun gegen die Konkurrenz der Maschine sind (Frey und Osborne 2013). Wenn das stimmt, dann muss die professionelle Kommunikation diese menschlichen Faktoren noch konsequenter in den Mittelpunkt ihrer Arbeit zu stellen.

Eine zukunftssichere Unternehmenskommunikation muss für die Phase der vierten industriellen Revolution ein neues Angebot machen – in Bezug auf das „Was" und das „Wie" ihres Leistungsbeitrags. Thomas Kuhn hat in den 60er Jahren mit seinen Betrachtungen über die „Struktur wissenschaftlicher Revolutionen" den – zugegebenermaßen zwischenzeitlich sehr strapazierten – Begriff für Umbrüche dieser Art geprägt: Paradigmenwechsel (Kuhn 1962).

Der bereits erwähnte Alan Turing ist auch geistiger Vater des sogenannten Turing-Tests, der ermitteln soll, ob eine Maschine für einen Probanden im kommunikativen Austausch menschlich erscheint. Für die Zukunft der Unternehmenskommunikation ist die Umkehrung wichtiger: Die Kommunikatoren selbst müssen den Turing-Test bestehen, wenn sie nicht als *Algorithmus* oder *Socialbot* enden wollen.

Was den Gegenstand des postmodernen Kommunikationsmanagements angeht, so gilt es, endgültig mit den überkommenen Traditionen von Bernays und Page zu brechen. Das Verhältnis zwischen Unternehmen und sozialem Umfeld kann nicht mehr von einseitiger Beeinflussung oder unilateraler Überzeugung geprägt sein. Vielmehr müssen Unternehmen die Fähigkeit entwickeln, soziale Interessenlagen bei den eigenen Mitarbeitern wie bei externen Stakeholdern zu erkennen, zu verstehen und in ihre Positionen einzubinden: Corporate Empathy wird so zum wesentlichen Erfolgsfaktor für Kommunikation und Interaktion mit kritischen Stakeholdern.

Gleichzeitig fordert die Generation Y für ihre Arbeitssituation exakt die Dialogbereitschaft, Feedback-Kultur und Flexibilität ein, die Corporate Communications als Funktion lernen muss, um in einem zunehmend volatilen gesellschaftlichen Umfeld handlungsfähig zu bleiben. Dem Paradigma des Kommunikationsmanagements folgend wurden Kommunikationsabteilungen in den letzten 20 Jahren vor allem arbeitsteilig und entlang kommunikativer Angebote organisiert. Der Schwerpunkt der Leistungserbringung lag auf der Ressourcensteuerung und der effektiven Kommunikation (Klewes und Zerfaß 2011; Zerfaß et al. 2014). Die Kommunikationsabteilung der Zukunft wird stärker auf themen- oder projektbezogene Gesamtverantwortungen setzen und sich dabei an der kommunikativen Nachfrage orientieren. Damit wird die Bandbreite der erforderlichen Fähigkeiten vor allem um instante Kreativität und empathischen Dialog ergänzt.

Postmodernes Kommunikationsmanagement

Der Übergang zu einem postmodernen Paradigma der Unternehmenskommunikation, das auch den Gegebenheiten der digitalen Medienwelt entspricht, findet nicht im luftleeren Raum statt – weder in Bezug auf den Gegenstand noch auf die Methoden des

Managements. So wird es auf absehbare Zeit hin weiter auch klassische Medien geben, nicht alle menschlichen Kommunikations- und Informationsbedürfnisse ändern sich und wo Management mit dem Ziel der Wertschöpfung stattfindet, wird es immer auch Hierarchie und Arbeitsteilung im Taylorschen Sinne geben. Zudem hat die Generation Y zwar den Marsch in die Reihen der Unternehmenskommunikatoren begonnen, aber noch wirken auch bis 1965 geborene Baby Boomer und Vertreter der bereits beschriebenen Generation X im Kommunikationsmanagement. Und im Hintergrund wächst dann auch schon die seit der Jahrtausendwende geborene Generation Z heran, die wieder andere Voraussetzungen und Anforderungen mitbringen wird.

Es wäre auch unangemessen, den Gedanken der technologischen *Disruption* auf die Zukunft der Unternehmenskommunikation zu projizieren. Es geht nicht um die kreative Zerstörung einer Disziplin, sondern um ihre Weiterentwicklung, allerdings unter deutlich veränderten Rahmenbedingungen (Klewes et al. 2017).

Nachfolgend soll dargestellt werden, wie bei Deutsche Post DHL Group an der Verwirklichung eines Modells postmoderner Unternehmenskommunikation gearbeitet wird. Dabei liegt der Schwerpunkt nicht auf einzelnen Kommunikationsmaßnahmen und -projekten – unabhängig davon, dass viele von diesen wie etwa das Mitarbeiterportal *myNet,* das interne soziale Netzwerk *Yammer* oder externe digitale Plattformen wie der *Delivering-Tomorrow-Blog* (www.delivering-tomorrow.de) und der kuratierte *Logistics Newsroom* (www.logistics-newsroom.de) gezielt auf die Anforderungen des digitalen Zeitalters ausgerichtet sind. Vielmehr werden der Rahmen für die strategische Kommunikationssteuerung und neue Formen des Managements und der Kooperation im Vordergrund stehen.

Aufmerksamkeit *und* Wesentlichkeit

In 2012 kam es zu einer organisatorischen Veränderung, die für das Kommunikationsmanagement des Unternehmens zunächst eine wesentliche Ergänzung und zwischenzeitlich auch Neuorientierung gebracht hat. Die Funktionen Corporate Communications und Corporate Responsibility (CR) – also das Nachhaltigkeitsmanagement des Unternehmens – wurden integriert. Es erweist sich, dass beide Funktionen auf der Grundlage eines von Bereitschaft und Fähigkeit zur Corporate Empathy geprägten Selbstverständnisses sehr viel voneinander lernen und sich jenseits ihrer jeweils spezifischen fachlichen Aufgaben hilfreich ergänzen können.

Wo Kommunikatoren sich der Aufgabe widmen, mit dem Ziel des Reputationsaufbaus Wahrnehmungen zu beeinflussen, streben Nachhaltigkeitsmanager den Interessenausgleich mit Anspruchsgruppen auf dem Wege der Interaktion an. Während sich die Unternehmenskommunikation auf die Herstellung medialer Aufmerksamkeit (Signifikanz) durch massenmediale Ansprache von Vielen versteht, konzentriert sich CR auf die Behandlung thematischer Wesentlichkeit (Relevanz) vor allem im dialogischen Austausch mit Wenigen. Anders gesagt: Die Unternehmenskommunikation kann besser senden und die CR besser empfangen.

Empathische Kommunikation zu bzw. mit wichtigen Zielgruppen und empathische Interaktion mit kritischen Stakeholdergruppen ergänzen sich gleichsam zur vollen Aktivierung des kommunikativen Potenzials des Unternehmens, indem erforderliche Aufmerksamkeit und angemessene Wesentlichkeit in Balance gebracht werden können.

Eine Schlüsselrolle kommt dabei der 2013 eingeführten Stakeholder-Befragung zu, im Rahmen derer die Teilnehmer sich zu allen Dimensionen verantwortungsvoller Unternehmensführung äußern. Mithilfe einer daraus abgeleiteten Materialitätsanalyse kann verlässlich eingeschätzt werden, welche Themen für das Unternehmen als wesentlich einzuschätzen sind. Damit wird die Materialitätsanalyse – neben dem etablierten Issues Monitoring entlang der veröffentlichten Meinung – zu einem Instrument, mit dem die Erwartungen interner und externer Stakeholder zum Kompass für die langfristige strategische Positionierung des Unternehmens gemacht werden können.

So ergibt sich nicht nur eine sehr viel feinere Justierungsmöglichkeit für die strategische Ausrichtung der Unternehmenskommunikation, die noch dazu die Sichtweise wichtiger Anspruchsgruppen unmittelbar reflektiert. Vielmehr entsteht in der Folge auch ein fundierter Beurteilungsmaßstab, der angesichts zunehmender Frequenz und Amplitude medialer Aufregung gerade in digitalen Medien zwischen bedeutsamen und nachrangigen Erscheinungen und Kommentierungen etwa in der tagesaktuellen Berichterstattung zu unterscheiden hilft.

Die Ergebnisse der Materialitätsanalyse wie des Issues Monitorings werden zusätzlich im persönlichen Austausch mit Expertengremien bewertet, um die abstrakten Erwartungen der Anspruchsgruppen zum einen mit der Praxis des unternehmerischen Alltags und zum anderen mit dem aktuellen Stand der entsprechenden Diskussionen in Wissenschaft, Politik und Ethik abzugleichen. Hierfür wurden mit dem internen Netzwerk für *Responsible-Business-Practice,* in dem neben den operativen Divisionen auch die Konzernfunktionen für Compliance, HR, Unternehmenskommunikation, Corporate Responsibility, Konzerneinkauf und Konzernsicherheit vertreten sind, und dem externen *Sustainability-Advisory-Council,* der mit unabhängigen Experten und Meinungsführern der genannten Disziplinen sowie Kundenvertretern besetzt ist, wirksame Gremien geschaffen.

Mit dieser an den Einstellungen und Bedürfnissen der Stakeholder orientierten Vorgehensweise wird natürlich zugleich eine einseitig signifikanzorientierte Kommunikationssteuerung infrage gestellt. Der ROI einer postmodernen Kommunikationsstrategie kann sich nicht in unilateralen Aggregaten wie Vertrauen, medialer Aufmerksamkeit oder Image erschöpfen. Vielmehr muss auch der Interaktionsaspekt des Austauschs mit kritischen Anspruchsgruppen Berücksichtigung finden, wie er sich im fachlichen Dialog, im konkreten Interessensausgleich und in gemeinsamen Projekten dokumentiert. Es geht nicht mehr nur um einen erreichten Ansehensstatus *(Reputation),* sondern auch um die Qualität von Beziehungen *(Bonding).*

Große *und* kleine Zahlen

Die traditionelle kommunikative Leitwährung Reputation kann in der postmodernen Kommunikationssteuerung nur Bestandteil einer umfassenderen Ressource sein, die im

Verhältnis zwischen Unternehmen und seiner Umwelt entsteht und letztlich ein soziales Kapital darstellt, dessen Wert sich in Vertrauen, Kooperation und Reziprozität dokumentiert. Es bemisst sich in Kombination der den Kommunikatoren vertrauten großen Zahlen der Aufmerksamkeitsanalysen (z. B. Zirkulation, Einschaltquoten und Clicks) mit den für die CR-Manager bedeutsamen kleinen Zahlen der Wesentlichkeitsanalysen (z. B. Stakeholder-Feedbacks, unabhängige Rankings und zertifizierte Qualitätssiegel).

Im Umgang mit *Big Numbers* – großen Zahlen im Sinne großer Umfragestichproben – hat das Kommunikationsmanagement traditionell reichlich Erfahrung. Meinungsanalysen, Markenbekanntheitsstudien und Mitarbeiterbefragungen basieren auf großen Datensätzen. Sie gewähren nicht nur Einblicke in die Reputation oder das Markenimage des Unternehmens, sondern helfen auch bei der Priorisierung der Kommunikationsthemen und -maßnahmen. Diese Zahlen stehen meist auch im Mittelpunkt, wenn es darum geht, den Wertbeitrag der Unternehmenskommunikation zu dokumentieren. Mit *Big Data* kommen nun kontinuierliche Echtzeit-Datenströme hinzu, die komplex und volatil sind, aber – richtig ausgewertet – nützliche Einblicke zum Beispiel in Märkte, Kunden und Medienstimmungen geben. So wurde bei Deutsche Post DHL Group ein Echtzeit-Issues-Monitoring-Tool eingerichtet, das die internationale Medienberichterstattung zu Themen analysiert, die relevant für unser Unternehmen sind.

Im Gegensatz zu Big Data zeichnet sich *Small Data* durch begrenzte Volumina, eine unregelmäßige Datenerfassung und kleinere Abgrenzungen aus. Small Data ist zum Beispiel das Ergebnis von Interviews und direktem Austausch. Gewöhnlich dienen diese Daten dazu, konkrete Fragen zu beantworten und gezielte Einblicke zu geben – dementsprechend hoch ist auch ihre Qualität. Bei Deutsche Post DHL Group führen wir mit unseren Stakeholdern einen kontinuierlichen Stakeholder-Dialog. So entsteht Feedback zu Themen, die für Stakeholder und Unternehmen gleichermaßen relevant sind – zum Beispiel in Sachen nachhaltiger Unternehmensführung oder Kundenzufriedenheit.

Durch den Wandel von unidirektionalen Kommunikationskanälen zu Social-Media-Kanälen sind heutige Stakeholder keine passiven Zielgruppen mehr, sondern aktive Teilnehmer an der öffentlichen Debatte. Aus diesem Grund sind die durch Small Data gewonnenen Eindrücke für eine postmoderne Kommunikationsstrategie genauso zu berücksichtigen wie Big Data und Big Numbers – für eine effektive Kommunikationsstrategie brauchen wir *beides* in Planung, Exekution und Evaluation.

Agilität *und* Zielorientierung

Die Unternehmenskommunikation von Deutsche Post DHL Group ist divisionsübergreifend organisiert und legt den strukturellen Fokus auf die Kommunikationsdisziplinen wie Media Relations, Internal Communications, Communications Strategy & Stakeholder Relations und Corporate Brand Marketing. Seit der Integration des Aufgabenbereichs Corporate Responsibility kommen die spezifisch auf unternehmerische Nachhaltigkeit ausgerichteten Abteilungen Shared Value und Corporate Citizenship hinzu. Die Divisionen als übergeordnete operative Geschäftseinheiten wie auch die funktionalen Vorstandsressorts halten selbst keine eigenen Ressourcen für Unternehmenskommunikation vor.

Im Gegenzug sorgen Key-Account-Manager auf der Ebene funktionaler Abteilungsleiter innerhalb der Unternehmenskommunikation für kontinuierlichen Abgleich zwischen der strategischen Kommunikationsarbeit entlang des verabschiedeten Plans und dem alltäglichen Kommunikationsbedarf des Geschäfts. Dieser Austausch ermöglicht auch die erforderlichen Anpassungen der strategischen Planung im Falle zuvor nicht bekannter oder neu zu bewertender Ereignisse und Entwicklungen und schafft so Flexibilität angesichts abnehmender Planbarkeit des Umfelds.

Dieses für das Paradigma des modernen Kommunikationsmanagements in der Phase der dritten industriellen Revolution typische Organisationsmodell ist bereits in den vergangenen Jahren in einzelnen Punkten um Elemente der funktionsübergreifenden Kooperation und nachfrageorientierten Aufstellung ergänzt worden – insbesondere, um neuen kommunikativen Anforderungen in der Phase der vierten industriellen Revolution gerecht zu werden.

So werden strategische Kommunikationsprojekte immer von gemischten Teams bearbeitet, die über die Teilfunktionen hinweg verschiedene Kompetenzen verbinden und zugleich als „Chefkümmerer" die Umsetzung der entsprechenden Maßnahmen sicherstellen. Zugleich ist zum Beispiel die Interne Kommunikation nicht nur entlang von Medienformaten – etwa Intranet, Extranet, Printmedien – strukturiert, sondern es bestehen auch spezifische Verantwortungen für Zielgruppen – wie Produktion und Management – und Geschäftsbereiche, sodass kontinuierliche Kooperation über die Grenzen der eigenen Aufgabe hinweg gleichsam zwingend vorgesehen ist. Seit Beginn des Jahres 2016 arbeiten alle Teams der Internen Kommunikation zudem in einer innovativen Büro-Umgebung, die ein Open-Space-Konzept mit geschlossenen Meeting-, Begegnungs- und Arbeitsräumen verbindet. Schließlich findet das kontinuierliche Newsflow-Management bereits seit Jahren seinen Ursprung in einer integrierten Morgenlage, im Rahmen derer die internen und externen Kommunikationsdisziplinen gemeinsam den analogen und digitalen Informationsfluss evaluieren und entsprechende Maßnahmen ableiten.

Dennoch verwiesen offene Kommentare im Rahmen der jährlich stattfindenden Mitarbeiterbefragung zuletzt zunehmend auf ungehobene Potenziale in den Bereichen Kooperation und Kreativität des Teams von Kommunikatoren und Nachhaltigkeitsmanagern. Eine vertiefende Diskussion im Führungskreis – ergänzt um ein Kamingespräch mit Vertretern der zahlenmäßig immer stärker vertretenen Generation Y – bestätigte diesen Eindruck. Im Nachgang wurde daher ein Projekt aufgelegt, um im ersten Schritt das Team mit Prinzipien und Methoden agilen Managements vertraut zu machen und dann im zweiten Schritt – bereits unter Verwendung dieser Methoden – konkrete Maßnahmen einzuleiten.

Zur genaueren Identifikation des Handlungsbedarfs fand zunächst ein halbtägiges *BarCamp* statt. Damit wurde bewusst ein offenes Veranstaltungsformat gewählt, im Rahmen dessen die Teilnehmer selbst die Agenda festlegen, um dann in Workshops zu diskutieren. Die Ergebnisse belegten, dass es insbesondere aus Sicht der jüngeren Teammitglieder an hierarchieübergreifender Transparenz und Interaktion mangelt. So würden nicht alle Kreativitätspotenziale im Team gehoben, Optionsräume bei Handlungsbedarf künstlich verengt und die Motivation zu Eigenverantwortung begrenzt. In anderen Worten: Eine erfolgreich auf systematisches Kommunikationsmanagement ausgerichtete arbeitsteilige Organisation hatte im Ergebnis zugleich den fruchtbaren Austausch zwischen den Teammitgliedern zu begrenzen begonnen. Gefordert war also die Schaffung von Voraussetzungen für das, was Tom Kelley (2008) „Cross-Pollination" nennt.

Um diese kreative Befruchtung über Funktions- und Generationsgrenzen hinweg erfahrbar zu machen und zugleich nach neuen Formen zukünftiger Zusammenarbeit zu suchen, wurde aus dem Arsenal der agilen Managementmethoden *Design Thinking* ausgewählt. Diese auf die Perspektive der Nachfrage – also in diesem Falle den Mitarbeiter – konzentrierte Methode zur Entwicklung von Problemlösungen sollte zugleich die Chance bieten, konkrete neue Ansätze zur Aktivierung von Kreativität und Steigerung von Transparenz im Alltagsgeschäft der Kommunikationsfunktion zu erproben. Mehrere *FabLabs* – also Arbeitslabore auf der Grundlage von Design Thinking – fanden in der deutschen Zentrale, aber auch in den internationalen Teams bzw. im Rahmen von weltweiten Treffen der Kommunikations- und Nachhaltigkeitsmanager statt, die eine Vielzahl von Vorschlägen erbrachten. Die Bandbreite reicht von Anpassungen an der Büro- und IT-Infrastruktur über neue Meeting-, Dialog- und Feedback-Formate bis zu innovativer Projektsteuerung.

Design Thinking erwies sich unmittelbar als so wirkmächtig und zugleich den bevorzugten Arbeitsweisen jüngerer wie älterer Kollegen angemessen, dass bereits wenige Wochen nach dem ersten FabLab in die Büro-Infrastruktur ein Design-Thinking-Labor eingefügt wurde, das – mit entsprechenden Arbeitsmaterialien für kreative Gestaltung und ansprechende Atmosphäre ausgestattet – zwischenzeitlich rege genutzt wird. Pläne für ein noch größeres Labor in Kooperation mit anderen Unternehmensbereichen sind in Arbeit. Zugleich wurde basierend auf den interessanten Ergebnissen der FabLabs zu den Arbeitsweisen der Funktion die Entscheidung getroffen, den regulären Prozess der strategischen Planung in der zweiten Jahreshälfte 2016 ebenfalls um Design-Thinking-Elemente zu ergänzen. Im Ergebnis sind von funktionsübergreifenden Teams eine Reihe neuer Initiativen erdacht worden, die – zwischenzeitlich vom Vorstand als Teil der Kommunikations- und Nachhaltigkeitsstrategie für 2017 verabschiedet – gerade umgesetzt werden. Neue Impulse entstanden hier insbesondere für die Interne Kommunikation, das Corporate Volunteering, die weitere Schärfung des Unternehmensprofils in digitalen Medien und die mediale Aktivierung von Sponsoring-Partnerschaften. Die Teams zur Umsetzung dieser Initiativen fanden sich auf der Basis eigener Interessen und Motivationen im Rahmen einer abschließenden *Messe der Möglichkeiten (Marketplace).*

Für 2017 sind basierend auf den FabLabs weitere grundsätzliche Neuerungen in den Prozessen und Managementmethoden geplant. Die Umsetzung der strategischen Projekte soll zukünftig der agilen Scrum-Methode folgen und damit den Teams mehr Gestaltungsfreiraum bei der Umsetzung und den nicht beteiligten Interessierten mehr Transparenz über den Fortgang ermöglichen. Hierfür werden Mitarbeiter, beginnend mit dem Führungskreis, in Scrum trainiert und es wird ein entsprechender, für alle zugänglicher Scrum-Dokumentations- und Besprechungsraum mit den erforderlichen Präsentations- und Darstellungsflächen geschaffen. Hinzu kommen weitere Austausch- und Präsentationsmöglichkeiten für alle Teammitglieder, zum Beispiel durch regelmäßige Performanz-Dialoge und Scrum-Updates zur Implementierung der Strategie oder durch spezifische Ideen-Slots in den Leitungskreissitzungen, im Rahmen derer sich Kollegen spontan um Budgets für die Umsetzung neuer Ideen bewerben können.

The next right thing – Komplementarität vs. Disruption

Es besteht kein Zweifel: Die Unternehmenskommunikation muss sich in ihrem Selbstverständnis, in ihrer strategischen Ausrichtung und in ihren Arbeitsweisen auf neue Bedingungen einstellen. Die vierte industrielle Revolution fordert auch die Weiterentwicklung unserer Disziplin (vgl. Abb. 4.1).

Die grundsätzlichen Prinzipien und Erfolgsfaktoren postmodernen Kommunikationsmanagements müssen aber im Einzelfall und nach genauer Bedarfsanalyse auf das einzelne Unternehmen übertragen werden. Die unkritische Übernahme von Zielstellungen wie projektbasierte Organisation, sogenannten Leuchtturm-Projekten wie dem zwischenzeitlich schon fast sprichwörtlichen digitalen Newsroom oder unternehmenskulturellen Gesten wie dem Verzicht auf Krawatte und förmliche Anrede bergen die Gefahr, die falschen Schwerpunkte zu setzen oder den Wandel nur an der Oberfläche zu vollziehen. Es geht eben nicht um „the next big thing“, sondern um „the next right thing“.

Dazu gehört auch, dass es weiterhin Aufgabenstellungen geben wird, die eher arbeitsteilige, sequenzielle Vorgehensweisen erfordern. Insofern erklänge auch ein Abgesang auf klassische Strukturen und Zuordnungen von Verantwortung zu früh. Nicht jedes Problem kann (und muss) im Design-Thinking-Labor gelöst werden und nicht jede Aufgabenstellung im kommunikativen Alltag ist gleich ein Projekt, das über Scrum gesteuert werden sollte. Der Paradigmenwechsel im Kommunikationsmanagement wird nicht disruptiv sein, sondern komplementär. Das gilt für die strategische Ausrichtung zwischen Aufmerksamkeit und Wesentlichkeit bzw. großen und kleinen Zahlen ebenso wie für die Managementmethoden. Vertikale Hierarchie (wie in einer *Werkstatt*), horizontale Kooperation (wie am *Fließband*) und vertikale Selbst-Organisation (wie im *Netzwerk*) werden gleichberechtigt nebeneinander stehen und so den zugleich bewusst steuernden und unbewusst gesteuerten *Organismus* zum Organisationsmodell für das Kommunikationsmanagement machen (vgl. Abb. 4.1). Entscheidend wird dabei sein, dass Unternehmenskommunikation durch die Aktivierung aller kreativen und empathischen Potenziale der Mitarbeiter das bleibt, was sie immer war: ein Angebot von Menschen für Menschen.

4.2 Das Wagnis Newsroom

Christoph Hardt

Kommunikation kann zum Motor des digitalen Transformationsprozesses werden. Aber nur dann, wenn die ganze Organisation mitmacht.

Es gehört beinahe schon zu den Allgemeinplätzen, die digitale Transformation als schöpferische Zerstörungskraft von epochalem Ausmaß zu beschreiben (so z. B. Roland Berger Strategy Consultants 2015). Wer Gelegenheit hatte, eine solche Veränderung selbst mitgestalten zu können, der hat sicher auch erfahren, wie wenig ihm der gute alte Schumpeter bei der kommunikativen Bewältigung dieses Schöpfungsprozesses zur Seite steht. Kommunikation war nicht sein Thema. Das ist für damalige Verhältnisse zwar verständlich, heute aber schade und sogar gefährlich, weil es in der digitalen Transformation ohne eine schlüssige Kommunikation nach innen und nach außen (in dieser Reihenfolge) nicht gut gehen wird. Wer diese Erfahrung macht, der macht dann auch noch eine weitere. Gerade die Kommunikation kann, indem sie sich wandelt, zu einem der stärksten Motoren der Verwandlung selbst werden.

Der Corporate Newsroom hat deswegen zu Recht Konjunktur. Er ist, um es knapp zu sagen, auch deshalb als Konzept im Land so erfolgreich, weil er selbst zeigt, was er zu bewirken gedenkt. Der Corporate Newsroom ist selbst eine Transformationsstory, er belegt für jeden, der hier zu Besuch ist oder gar das Privileg hat, in ihm zu arbeiten, das neue Denken im Alltag. Damit wird er zu einer unmittelbaren Herausforderung für gediegene Unternehmenskulturen oder, um es böser zu sagen, für die Lehmschicht in den Unternehmen. Denn die Bereitschaft, sich zu öffnen, sich auf die Suche zu begeben, ins Ungewisse, sie steht quer zu allen gewöhnlichen Karrieremustern von denjenigen, die gelernt haben, dass es vor allem der nach oben schafft, der es verstanden hat, Risiken zu minimieren.

Jetzt also das Gegenteil. Das Wagnis. Tempo, gewagtere Bilder, Wordings, die nicht bis ins letzte Komma die zumeist schrecklichen sprachlichen Schleifspuren eines in Generationen erlittenen Abstimmungsprozesses durchlaufen haben. Ich erinnere mich an die „Zuchtmeisterin" einer der großen Kommunikationsabteilungen im Land. Ihre Handreichungen zum Verfassen einer Pressemitteilung hatten Gesetzeskraft, keine Zeile ging ohne ihre scharfe Kontrolle über den Ticker. Angst und Bangen erfassten die Kollegen, wenn ihre Nummer im Display erschien. Und wehe, ein Komma ward an falscher Stelle gesetzt. Ihr Angstregime machte vor allem die Jungen ängstlich und klein, provozierte Verbitterung, manchmal sogar Tränen. Wenn die berufliche Sozialisierung von angehenden Kommunikatoren so verläuft, dann darf man sich nicht wundern, dass die Sprache von Unternehmen noch immer ins Verlautbarungsdeutsch degeneriert.

Im Newsroom geht es anders zur Sache. Ein Beispiel gefällig? Eine „Zumutung" sei das drastische Aufkaufprogramm von Staatspapieren durch die EZB, sagt Alexander Erdland, Präsident der deutschen Versicherer, am 21. Januar 2015. Der Satz entsteht nicht im Hinterzimmer des Gesamtverbands GDV, sondern ist das Ergebnis eines offenen, kreativen Prozesses, von gemeinsamer Diskussion und Nachdenken in aller Schnelle. Am Ende hat Erdland selbst den Satz getextet, dann geht er an die Nachrichtenagenturen und macht eindrucksvoll Karriere, gedruckt, online, sozial. 2016 landet er, gleichsam geadelt, in den Unterrichtsmaterialien des Sozialkundeunterrichts in Nordrhein-Westfalen. Da geht es um die Reaktion der deutschen Wirtschaft auf die Geldpolitik der EZB.

Es kommt darauf an, das Wagnis Newsroom als Teil der digitalen Verwandlung mit Erfolgsgeschichten zu inszenieren. Das kann auch deshalb gelingen, weil der Newsroom selbst der Veränderung eine weite Bühne bietet. Kommunikationsarbeit findet im Offenen statt, es hat ein Ende mit der Geheimniskrämerei, es geht darum, was man kommuniziert, nicht wer kommuniziert. Aus und vorbei ist es mit den Silos, in der privilegierte Zugangsbesitzer am liebsten im engsten Kreis und miteinander vor sich hin kommunizieren. Auf einmal geht es um Output, um Kommunikationsergebnisse oder, neudeutsch, um guten Content, um den gemeinsam gerungen wird.

Aber es geht natürlich auch um Architektur. Unglaublich, was alles so als Newsroom daherkommt. Es reicht nämlich nicht, bloß die Mauern zwischen Einzelbüros einzureißen und Computer in Reihe aufzustellen. Im Gegenteil, das dürfte sogar im Desaster enden. Man muss sich auch architektonisch ein paar Gedanken machen. Beim Blick in den GDV-Newsroom in Berlin kann man Vorher und Nachher der ersten Schritte zur Transformation auf einen Blick und unmittelbar sehen und erleben. Besucher kommen über den traditionell mit Einzelbüros bestückten Gang. Hier weht noch der Geist des Finanzamt-Flures. Dann tritt man in den offenen, vom Berliner Architekten Armin Steidten gestalteten Erlebnisraum des GDV-Newsrooms. Da trennen Zentimeter Welten und jeder Besucher spürt das auf Anhieb. Hier hat etwas Anderes, Neues Einzug gehalten (siehe Abb. 4.2 und 4.3). Und es macht in der Regel Spaß, hier zu arbeiten.

Gut möglich, dass der Newsroom für die nächste Generation von Kommunikatoren schon – lästiges? – Beiwerk bedeutet. Sie, die mit Social Media groß geworden sind, werden womöglich gar keinen Raum mehr für ihre soziale Kommunikation brauchen, weil sie diese schon in Kopf und Gerät als Teil ihres Ichs mit sich herumtragen. Wir alle aber, die wir Objekt der Transformation sind und als solche digitale Muster erst erlernen müssen, uns macht ein solcher Platz die Dinge viel einfacher. Immer wieder bin ich gefragt worden, was denn einen Newsroom von einem ganz normalen Großraumbüro unterscheidet. Die Antwort ist simpel: die Integration von Elementen aus dem Journalismus in die Unternehmenskommunikation. Das sind einerseits architektonische Dinge – wie der große Besprechungstisch für unsere große Morgenrunde oder unser von dort aus stets präsentes „Fenster zur Welt“, unser mit der Münchener Agentur *Conrad Caine* entwickeltes News Dashboard.

Hinzu kommen die für die Veränderung selbst ebenso wichtigen journalistisch geprägten Prozesse. Medienlage und Tagesplanung, akute Mittagsbesprechungen, Wochenkoordinierung und Monatsthemen, die Dramaturgie der Konferenzen, all das erinnert stark an die Arbeit in Redaktionen. Hierbei haben die Onliner, dem Beispiel

Abb. 4.2 Das Niederreißen der Wände ist nur der erste Schritt – Umbau zum GDV-Newsroom. (Quelle: GDV)

Abb. 4.3 Arbeiten im neuen GDV-Newsroom. (Quelle: GDV)

Journalismus folgend, längst erheblich an Boden gut gemacht. Im Corporate Newsroom sind es die Onliner, die die redaktionellen Prozesse in der Regel dominieren.

Womit wir bei der qualitativen Dimension der Transformation angekommen sind. Natürlich kommt es auf die Geschwindigkeit an, in der Kommunikation stattfindet. Wenn es immer schneller gehen muss, dann werden die, die auf Abstimmungsprozesse im Expertensilo sozialisiert sind, zu Bremsern. Das heißt nicht, dass es keiner Expertise mehr bedürfte. Aber sie muss immer öfter in schnell organisierten Projektgruppen oder gar spontan im Newsroom organisiert werden. Manch einem altgedienten Experten ist dieses Agieren auf offener Bühne natürlich ein Gräuel.

Und so beginnt der Marsch durch die Institutionen. Schritt für Schritt verändert Kommunikation im digitalen Zeitalter die Unternehmenskultur selbst. Denn die Devise, dass heutzutage nur derjenige Erfolg hat, der ganz nah am Kunden ist, die ist in der sich medial immer weiter auffächernden Welt eine Binsenweisheit. So hat eine Studie der Konrad-Adenauer-Stiftung unlängst gezeigt, wie sehr der Kurznachrichtendienst Twitter die Alltagskommunikation der deutschen Politik verändert. Für Verbände und Unternehmen kann das nicht folgenlos bleiben, digitale Kommunikation wird überlebensnotwendig, wenn sie politisch wahrgenommen werden wollen. Denn ohne Kundennähe findet gar keine Kommunikation mehr statt, wer die Menschen nicht dort anspricht, wo sie miteinander kommunizieren, der redet ins Leere. Wer aber die entsprechenden Kanäle etabliert hat, der muss dort die Sprache des Publikums sprechen. Das alles fordert eine neue Offenheit, fordert sprachliche Vielfalt, fordert mitunter auch mutige Formulierungen.

Paradebeispiel für den Veränderungsdruck, den Kommunikation entfaltet, sind die Diskussionen um Für und Wider der Beteiligung an Social Media. Es kommt dabei immer wieder zu atemberaubend heftigen Debatten, denn der einen oder anderen Führungskraft zerreißt es fast die Chef-Seele. Einerseits will man ja gerne vorne mit dabei sein – wobei stets fraglich ist, was eigentlich noch „vorne mit dabei sein" bedeutet. Andererseits wird das Risiko eines womöglich milliardenschweren Fehlers heraufbeschworen.

Nehmen wir den Fall Facebook: Da war die Grundsatzentscheidung mitzumachen längst getroffen. Dann aber bekam die zweite Reihe Wind davon. Und dann bildeten sich sonderbare Koalitionen. In Reihe zwei dominierte die Angst vor Kontrollverlust die Debatte, den Shitstorm-Teufel malten dabei ausgerechnet diejenigen an die Wand, die die E-Mail noch für den letzten Schrei der Online-Verständigung halten. Hinzu traten Besitzstandswahrer aus der Abteilung Mitbestimmung, die bis zuletzt darum kämpften, die Grenzen zwischen Arbeits- und Privatsphäre aufrechtzuerhalten.

Und dann marschierte noch eine dritte Phalanx auf: die Journalisten selbst, unterstützt von dem ein oder anderen Kommunikationswissenschaftler, der behauptete, gleichsam gekaufte „Unternehmensjournalisten" unterwanderten aus dem Newsroom heraus die Medien und verwischten damit systematisch die Grenzen zwischen PR und kritischem Journalismus. Dergleichen Lamento über Newsroom-Organisation und Social-Media-Engagement gipfelte in eigentümlich rückwärtsgewandtem Schriftverkehr. Aus einem Brief an den GDV: „Zugleich sehen wir dies als Bestätigung des Verdachts, dass der GDV mit dem Ausbau seiner kommunikativen Aktivitäten den unabhängigen journalistischen Zugang zu Themen der Assekuranz verbauen und stattdessen lieber seine parteiische Sicht verbreiten will [...].“ Träfe dieser Vorwurf zu, wäre dies das Gegenteil dessen, was wir uns vorgenommen haben.

Man sollte sich von solchen Rückzugsgefechten keinesfalls kirre machen lassen. Am Ende muss die praktische Vernunft gewinnen. Oft genug gibt der Chef dazu das Signal – und das ist auch gut so. Deshalb kommt die Nummer eins auch immer öfter persönlich in den Newsroom. Es ist ein faszinierendes Phänomen zu sehen, wie der CEO dort Kommunikation unmittelbar prägen und Veränderung damit vorzeigen kann. Dieser Raum wird dann für ihn selbst zur Bühne der Veränderung, auf der er CEO-Kommunikation in der digitalen Ära demonstriert und lebt. Offen, schnell, manchmal vielleicht sogar gewagt. Kommunikation in der digitalen Transformation ist Chefsache ohne Wenn und Aber. Da der Chef dies in aller Offenheit vorexerziert, wird er im Newsroom zum Vorbild. Das schafft Nachahmer, ob aus dem Vorstand, der Geschäftsführung oder auf Expertenseite. Immer mehr kommen her, weil hier Kommunikation zum Erlebnis wird.

Manch einer wird sich noch erinnern, als eines Tages der CFO eines weltweit tätigen Unternehmens mit seiner ganzen Kamarilla im Herzen des damals noch frischen Newsrooms erschien. Mittig platzierte er sich am großen Tisch der Morgenlage und begann seine Rede. Vor den Mitarbeitern der Konzernkommunikation und seinen eigenen Leuten predigte er sodann eine gewaltige Stunde lang von den Schwächen der Gegenwart und den großen Chancen der Zukunft. Das war eine Demonstration. Es dauerte nicht mehr lange – und der CEO war kein CEO mehr.

Dass die Transformation für den Leiter der Kommunikation Chefsache ist, versteht sich von selbst. Für ihn geht es um Sein oder Nichtsein. Er muss sich für seine Teams eine Struktur ausdenken, die für die jeweilige Organisation angemessen ist. Es ist ratsam, dass sich Teams für die Arbeit im Newsroom neu bilden, sonst kommt es zum „Alter Wein in neuen Schläuchen“-Phänomen: Teams ziehen einfach um, machen aber in veränderter Umgebung im Prinzip so weiter wie bisher. Thomas Hartwig, der Wiener Organisationsentwickler, der die Struktur des Siemens Newsrooms mitentwickelt hat, formulierte es auf seine unnachahmliche Art folgendermaßen: „Es ist nicht damit getan, in die Hände zu klatschen, auf dass der Krähenschwarm von einem Baum zum anderen fliegt. Es bleibt nämlich derselbe Krähenschwarm und er krächzt genauso weiter wie bisher.“

Es ist unbedingt ratsam, diesen tief greifenden Transformationsprozess von externen Fachleuten begleiten zu lassen. Denn die Digitalisierung der Kommunikation bedeutet für viele, dass sie sich beruflich neu definieren müssen. Unser Motto beim GDV: Wir wandeln uns von der traditionellen Pressestelle zum digitalen Publisher. Kreativität statt Reaktivität, Content statt Aussteuerung. Früher war es die Krönung der Corporate Communication, mit dem Key-Accounter der sündhaft teuren Hausagentur die nächsten Termine für Anzeigenschaltungen zu besprechen. Heute verbreiten wir unter dem Hashtag #Brückentag auf Twitter unser Strategiepapier zur Infrastrukturfinanzierung.

Stück für Stück und mit vielen kleinen solcher Erfolgsgeschichten gewinnt die digitale Transformation in der Kommunikation Gestalt. Der Prozess verläuft dabei alles andere als geradlinig. Schnell droht der Rückfall in alte Prozessmuster, schnell reetablieren sich eingefahrene Verhaltensweisen auch in neuer Umgebung. Hier sind wir an einer entscheidenden Schnittstelle angekommen, hier kann es mitunter richtig wehtun. Nur wer bereit ist, lässliche Fehler in mutiger Kommunikation auch wirklich zuzulassen, wird in Zukunft erfolgreich sein. Dagegen steht die in so vielen Organisationen präsente Angstkultur, die sich über Jahrzehnte ausbreiten konnte, weil vor allen Dingen diejenigen nach oben kamen, die möglichst wenig Fehler gemacht hatten.

Vielleicht ist es sogar die vornehmste Pflicht des Kommunikationschefs, einem solchen Angstregime die Stirn zu bieten. Er muss im Führungszirkel deshalb stets zu harten Konflikten bereit sein. Und in der Breite der Organisation und vor allem im Kontakt mit den eigenen Mitarbeitern kommt es darauf an, die offene Aussprache zu suchen und das vertrauliche Zwiegespräch. Das spricht sich herum. Je verlässlicher und offener die Gespräche, desto sicherer der Erfolg. Schulterklappen helfen auf diesem Weg selten weiter, hier zählt vor allem eins: gegenseitiges Vertrauen.

So wandelt sich das Klima, in dem man von sich, über sich und miteinander redet. Denn transparente, glaubwürdige Kommunikation beginnt immer daheim, im Newsroom selbst. Guter Content, davon bin ich überzeugt, entsteht nur in einer Atmosphäre offener Debatte, für die gegenseitiges Vertrauen die wichtigste Währung ist. Nur dann wächst die Bereitschaft, Kritik anzunehmen und aus Fehlern zu lernen. Das strahlt in die Organisation aus – und verändert im ersten Schritt die Kommunikationskultur. Aber das ist nicht das Ende. Denn guten Content wird nur der erzeugen, der die Dinge mutig beim Namen nennt. Das wird Organisation und Kultur grundlegend verändern. Eines Tages herrscht dann überall im Unternehmen das Prinzip Newsroom – womit eine entscheidende Veränderung gelungen ist. Der Newsroom, er findet im Kopf statt, die digitale Metamorphose ist geglückt. Oder, um es mit dem alten Meister Ovid zu sagen: In nova fert animus mutatas dicere formas corpora.

4.3 Digitale Transformation als Chance zur Neupositionierung der Internen Kommunikation

Patrick Maloney

Die Digitalisierung umfasst weitaus mehr als die Übertragung ehemals analoger Prozesse oder Produkte ins Digitale. Sie verändert Kundenerwartungen, die Wettbewerbssituation, Organisationsstrukturen, Produkte, die Zusammenarbeit innerhalb des Unternehmens und darüber hinaus, die Art und Weise der Führung, Prozesse, ja nicht selten das gesamte Geschäftsmodell. Das, was gestern noch erfolgreiches Kerngeschäft war, ist morgen vielleicht schon vollkommen irrelevant geworden. Damit bedeutet die

Digitalisierung für Unternehmen einen echten Kulturwandel, der eine neue Identität, ein neues Selbstverständnis voraussetzt.[1]

Das ist alles andere als einfach, insbesondere für Großunternehmen. Strukturen, Verhaltensweisen und Kompetenzen, die in trägen Massenmärkten noch ihre Berechtigung hatten und Erfolg versprechend waren, müssen angesichts eines von Volatilität, Unsicherheit, Komplexität und Mehrdeutigkeit geprägten Umfelds ganz aufgegeben oder fundamental erneuert werden. Ein komplexes soziales System neu zu ordnen, braucht allerdings Zeit. Und diese Zeit fehlt. Konfrontiert mit einer rasant ansteigenden Zahl digitaler Wettbewerber, die mit hoher Geschwindigkeit, großer Finanzkraft, großer Innovationskraft und mindestens ebenso großem Ego etablierten Platzhirschen beispielsweise im Banken- und Versicherungsgewerbe Marktanteile abjagen, nehmen viele Konzerne ihre Größe, Erfahrung und Tradition verstärkt als belastende Hypothek wahr, die ihre Transformationsbemühungen erschwert.

Auch die Kommunikationsbereiche von Unternehmen bekommen den mitunter scharfen Wind der Digitalisierung zu spüren. Die Entstehung digitaler Medien, eine veränderte Mediennutzung, der Wegfall der Informationshoheit von Unternehmen und die Auflösung der Grenzen zwischen Stakeholder-Gruppen sind nur einige wenige Symptome des mächtigen Megatrends. Doch allzu häufig begreifen Kommunikatoren die Digitalisierung noch zu eindimensional und setzen sie mit der Nutzung digitaler Medien gleich. Da wird dann ein Facebook-Auftritt des Unternehmens gezimmert, ein Twitter- oder YouTube-Kanal ins Leben gerufen und einige einflussreiche Blogger werden in den Presseverteiler aufgenommen. Intern ersetzt man das Intranet durch eine Social-Media-Plattform. Und fortschrittliche Kommunikationsabteilungen gehen vielleicht noch einen Schritt weiter und etablieren einen Newsroom (siehe auch Abschn. 4.2).

Alles richtige Schritte, die den Eindruck erwecken, die Kommunikationsbranche sei im Zeitalter der dritten industriellen Revolution angekommen. Doch dadurch erhält die Kommunikationsabteilung noch keine führende oder gestalterische Rolle in der digitalen Transformation von Unternehmen. Vielmehr läuft sie Gefahr, auf die Rolle des Verwalters und bestenfalls Redakteurs digitaler Medienkanäle reduziert und damit mittelfristig obsolet zu werden. Immer mehr Unternehmen erkennen im Angesicht der Digitalisierung und disruptiver Marktkräfte: „Wir müssen uns selbst angreifen" (Seibel 2016). Dasselbe gilt für die Unternehmenskommunikation, will sie bei der digitalen Transformation von Unternehmen tatsächlich eine tragende Rolle spielen und nicht von anderen Unternehmensbereichen wie Marketing, IT oder Human Resources ausgebootet werden.

[1]Dazu empfehle ich die Lektüre des sehr offenen und differenzierten Werkstattberichts der digitalen Transformation der Haufe-Gruppe von Holding-Geschäftsführer Markus Reithwiesner (2016): „Wir waren gezwungen, alles uns Bekannte in Frage zu stellen und uns neu zu erfinden. Es ging nicht allein um eine andere Ausrichtung des Verlags, es ging um ein Neudenken unseres grundlegenden Selbstverständnisses: Obwohl es früher unsere Identität war, verstehen wir uns heute nicht mehr als Verlag, sondern als Dienstleister, der die Arbeit der Kunden erleichtert."

Warum die Digitalisierung besonders für die Interne Kommunikation eine Herausforderung darstellt

Facebook, Twitter, XING, LinkedIn, YouTube: In diesen sozialen Netzwerken sind bereits viele Unternehmen vertreten. Die externe Unternehmenskommunikation ist allem Anschein nach im digitalen Zeitalter angekommen. Doch nicht nur ihre Medien haben sich verändert, sondern auch die Inhalte, ihre Präsentationsform und Tonalität, der Umfang an Angeboten zur Interaktion und die Geschwindigkeit, mit der Inhalte ins Netz gestellt werden oder auf Kommunikation in sozialen Netzwerken reagiert wird. Viele PR-Profis und externe Kommunikatoren haben verstanden, dass sie ihre Kommunikationsgewohnheiten verändern und dass sie ihren traditionell starken Fokus auf Journalisten bzw. die Presse aufgeben müssen, zugunsten eines erweiterten Blicks auf andere wichtige externe Stakeholder, wie beispielsweise einflussreiche Blogger oder Nichtregierungsorganisationen. Sie haben gelernt, Beziehungen aufzubauen und erfolgreich zwischen nicht immer konfliktfreien Zielen unterschiedlicher Anspruchsgruppen zu vermitteln, um ihre Kooperation für die Verwirklichung unternehmerischer Zielsetzungen zu gewinnen.

Ein ganz anderes Bild zeichnet die Interne Kommunikation der meisten Unternehmen. Dass sie bei der Digitalisierung ihrer Medien häufig hinterherhinkt, ist das eine. Viel schwerer wiegt jedoch die Tatsache, dass sich die Kommunikationskultur der wenigsten Unternehmen in den letzten Jahren fundamental erneuert hat. Hier scheint sich seit der Veröffentlichung des *Cluetrain Manifests* im Jahr 1999 kaum etwas geändert zu haben: „Unternehmen sprechen nicht mit der selben [sic!] Stimme wie diese neuen vernetzten Gespräche. In den Ohren der von ihnen Angesprochenen klingen die Unternehmen hohl, flach und regelrecht unmenschlich.“ Und weiter: „Bereits in wenigen Jahren wird die heute homogenisierte ‚Stimme‘ des Geschäftslebens – der Klang von Mission-Statements und Unternehmensbroschüren – so künstlich und aufgesetzt klingen, [sic!] wie die Sprache am französischen Hof im 18. Jahrhundert“ (Das Cluetrain Manifesto 1999).

In diesem Sinne trägt die Interne Kommunikation in Unternehmen auch im 21. Jahrhundert noch immer feudalistische Züge. Zumeist liegt eine Einbahnstraße vor, d. h. Kommunikation fließt ausschließlich von oben nach unten. Dabei ist sie nicht selten von der Unternehmensstrategie bzw. -führung inhaltlich entkoppelt: „Ein deutliches Beispiel ist hier die interne Kommunikation, die in vielen Unternehmen als reines Wohlfühlprogramm verstanden und angelegt wird – abseits jeglicher strategischer und wertorientierter Gesichtspunkte, einfach weil man den Mitarbeitern informativ-motivierende Kommunikationsaktivitäten schuldig zu sein glaubt“ (Hering et al. 2004, S. 30). Viel zu häufig wird die Interne Kommunikation sehr allgemein gehalten, um sich in Zeiten großer Dynamik und Veränderungsintensität nicht zu sehr festlegen zu müssen. Oder es wird sich einer seelenlosen Konzeptsprache bedient: Es gibt wohl kaum eine unternehmerische Entscheidung, die sich nicht mit Synergien, Effizienzgewinnen und erhöhter Effektivität begründen lässt. Auch wird oft auf Euphemismen zurückgegriffen und gerade deshalb viel Glaubwürdigkeit verspielt, anstatt die Realität beim Namen zu nennen und

Probleme auch als solche zu bezeichnen. Die Möglichkeiten zur aktiven Beteiligung an der Unternehmenskommunikation sind für Mitarbeiter sehr begrenzt: Während viele Arbeitnehmer außerhalb ihres Arbeitsplatzes twittern, posten und bloggen, beschränken sich ihre Möglichkeiten zur Meinungsäußerung und Mitwirkung im Unternehmen zumeist auf eine Kommentarfunktion im Intranet, Mitarbeiterbefragungen, das betriebliche Vorschlagswesen und Wortmeldungen auf Belegschaftsversammlungen.

Dieses stark eingeschränkte Kommunikationsverhalten steht jedoch im Widerspruch zu den kulturellen Voraussetzungen einer erfolgreichen digitalen Transformation: Innovationen, Kundenorientierung, Agilität und Entrepreneurship benötigen einen Nährboden aus freiem Zugang zu Informationen, hohem Vernetzungsgrad, gemeinsamem Lernen aus Erfolgen und aus Fehlern, hoher Durchlässigkeit der Organisation und offenem, ehrlichem Dialog auf Augenhöhe. Dafür muss sich die Kommunikationskultur wandeln. Denn wenn schon Mitarbeiter aus zwei verschiedenen Abteilungen nicht miteinander sprechen: Wie kann man da erwarten, dass sie sich wirkungsvoll mit Kunden und Zulieferern vernetzen? Wenn Meinungsvielfalt und ein kritischer Diskurs in der internen Unternehmenskommunikation keinen Platz haben oder gar bekämpft werden: Wie lässt sich da eine Innovations- und Fehlerkultur etablieren? Wenn zwischen Business Units chinesische Mauern errichtet werden und die Geschäftszahlen allenfalls mit Investoren geteilt werden: Wie kann unter diesen Umständen in der Belegschaft unternehmerisches Denken und Handeln gefördert werden?

Angesichts der Digitalisierung suchen Unternehmenslenker verstärkt nach Möglichkeiten, mit ihrer Belegschaft in einen Dialog einzutreten. Sie spüren, dass sie Führungskräfte und Mitarbeiter stärker an Entscheidungen beteiligen müssen, um ihren Unternehmergeist zu wecken, ihre Bereitschaft zur Verantwortungsübernahme zu steigern und sie zum freimütigen Teilen von Wissen und Ideen zu bewegen. Außerdem wollen sie ihre Unternehmen insgesamt offener und durchlässiger gestalten, um über Bereichsgrenzen hinweg mit Kunden und Geschäftspartnern besser zusammenarbeiten zu können. Damit dies gelingt, müssen Führungskräfte und Mitarbeiter mit gängigen Verhaltensmustern brechen und neue Formen der Zusammenarbeit und der Kommunikation erlernen. Beides ist nicht nur mit einem Kompetenzerwerb verbunden, sondern mindestens ebenso sehr von der Neugestaltung handlungswirksamer Rahmenbedingungen abhängig, beispielsweise der Bereitstellung unternehmensinterner sozialer Medien, dem Abbau von Informationsbarrieren oder der Einführung potenziell kulturprägender Veranstaltungsformate wie z. B. einer „FuckUp Night“[2], eines „FedEx

[2]Die „FuckUp Nights“ sind eine globale Bewegung, die 2012 in Mexiko geboren wurde. Auf öffentlichen Veranstaltungen berichten Unternehmer in Kurzvorträgen über ihr Scheitern. Auch Unternehmen hierzulande entdecken dieses Veranstaltungsformat vermehrt für sich, um in ihren Belegschaften unternehmerisches Handeln, Risikofreude und Lernen aus Misserfolgen zu fördern.

Days"[3] oder einer „Brownbag Session"[4]. Für die Übernahme dieser wichtigen Aufgabe wäre die Interne Kommunikation geradezu prädestiniert; schließlich ist hier ihr Kerngeschäft betroffen. Doch dafür muss sie insbesondere ihr Selbstverständnis erneuern.

Zentraler Ausgangspunkt einer grundlegenden Erneuerung der Internen Kommunikation ist ihre strategische Positionierung. Die Neupositionierung sollte sich davon leiten lassen, ihren Wertbeitrag für das Unternehmen in der digitalen Transformation zu maximieren. Der Wertbeitrag leitet sich dabei aus den konkreten Bedarfen der Verantwortlichen für die Digitalisierung ab. Für die im Gespräch mit ihnen identifizierten zentralen Handlungsfelder muss der jeweils passende Kommunikationsansatz gewählt werden. Wenn der Vorstand künftig den offenen, konstruktiv-kritischen Meinungsaustausch im Unternehmen wünscht, dann muss die Interne Kommunikation Kommunikationsmedien und -strukturen bereitstellen, die diesen Meinungsaustausch ermöglichen. In der Umsetzung könnte dies konkret bedeuten, aus ehemals stark vom Monolog des Vorstands geprägten Führungskräfteveranstaltungen ein echtes Dialogforum für den offenen Meinungsaustausch zwischen Vorstand und Führungskräften zu machen. Zusätzlich könnte die Interne Kommunikation einen regelmäßigen Chat oder Webcast mit dem Vorstand ins Leben rufen, bei dem die Mitarbeiter aufgerufen sind, auch kritische und hinterfragende Meinungsäußerungen zu tätigen. Was auch immer an konkreten Aufgaben für die Interne Kommunikation resultiert, sie setzen in jedem Fall ein neues Selbstverständnis voraus, das über ein klassisch journalistisches deutlich hinausgeht. In der digitalen Transformation gilt mehr denn je: Die Interne Kommunikation „wird zum Mitgestalter von Veränderungsprozessen. Sie ist nicht länger passiver Beobachter und Berichterstatter über Unternehmensentwicklungen, vielmehr hat sie einen vorausschauenden und aktiven Part zu spielen" (Schick 2010, S. 1 f.).

[3]Das Veranstaltungsformat „FedEx Day" wurde ursprünglich vom australischen Software-Unternehmen Atlassian ins Leben gerufen, hat aber insbesondere durch den Bestseller *Drive* von Daniel H. Pink Bekanntheit und Verbreitung gefunden. Der „FedEx Day", der bei Atlassian einmal im Quartal ausgerufen wird, dient der Entwicklung neuer Produkt- und Geschäftsideen oder Problemlösungen. Er ist eine besonders wirkungsvolle Alternative zu herkömmlichen Ideenwettbewerben oder dem in die Jahre gekommenen betrieblichen Vorschlagswesen. Dafür legen die Mitarbeiter für 24 h ihre eigentliche Arbeit beiseite, um exklusiv an einem Projekt ihrer Wahl zu arbeiten. Einzige Bedingung: Die Idee muss neu sein und außerhalb des Tagesgeschäfts liegen. So wie der Versandservice FedEx Pakete über Nacht zustellt, müssen auch die Mitarbeiter bis zum nächsten Tag einen Prototypen erarbeiten, den sie ihren Kollegen vorstellen können. Die besten Ideen werden gleich im Anschluss ausgewählt und weiterverfolgt.

[4]Als „Brownbag Session" bezeichnet man eine Trainings- oder Informationsveranstaltung, während der die Zuhörer bzw. Teilnehmer Essen und Getränke einnehmen können. Der Begriff „brown bag" verweist auf die von den Teilnehmern mitgebrachten oder vom Veranstalter bereitgestellten Essenspakete, die im angelsächsischen Raum häufig in braunen Papiertüten verpackt sind. Ziel des Veranstaltungsformats ist die Nutzung regulärer Pausen, um Informationen bzw. Wissen zu vermitteln. Die Atmosphäre ist informell, die Teilnahme in der Regel freiwillig und die Referenten sind meistens Experten aus dem Kollegenkreis.

Fit für die digitale Transformation: Das neue Selbstverständnis der Internen Kommunikation

Die gewählte Positionierung der Internen Kommunikation ist Ausdruck ihres Selbstverständnisses. Sie beeinflusst die Rollen, die eine Kommunikationsabteilung in der Organisation einnimmt, und legt fest, welche Leistungen von ihr zu erwarten sind. Ferner offenbart sie das zugrunde liegende Kommunikationsverständnis bzw. ihre Einstellung gegenüber den Bezugsgruppen der Kommunikation: Betrachtet sie Mitarbeiter als bloße Arbeitskräfte in einer arbeitsteiligen Organisation, die ausschließlich wissen müssen, was zur fehlerfreien Abarbeitung ihrer Aufgaben dringend benötigt wird (O-Ton des Kommunikationschefs einer Versicherungsgesellschaft: „Mir ist kein Mitarbeiter bekannt, der an zu geringer Information gestorben ist.“)? Oder begreift die Kommunikation jeden Mitarbeiter als einen mündigen Partner und Intrapreneur, der bereitwillig Verantwortung übernimmt, Eigeninitiative zeigt und mutig neue Wege beschreitet – und dafür von der Internen Kommunikation mit geeigneten Informationen, passenden Kommunikationskanälen und vielfältigen Optionen für Vernetzung und Zusammenarbeit unterstützt werden muss?

Die von der Internen Kommunikation aktuell praktizierten Rollen sind nicht mehr zeitgemäß: Zu viele Kommunikatoren betätigen sich als Mediengestalter, Gatekeeper, Hofberichterstatter, Nachrichtensprecher, Briefträger, ja nicht selten gar als Propagandaminister. Will die Interne Kommunikation einen echten Mehrwert liefern und den Kulturwandel federführend vorantreiben, muss sie ihr Selbstverständnis grundlegend erneuern. Eine ganze Reihe von Autoren und Institutionen widmet sich angesichts der Digitalisierung der Frage nach geeigneten zukünftigen Rollen der Kommunikation (u. a. Arthur W. Page Society 2016). Die Herleitung dieser Rollen ist dabei nicht immer nachvollziehbar. Ich möchte deshalb im Folgenden ein anderes Vorgehen wählen: Anstatt unmittelbar neue Rollen einzuführen, werde ich vor allem die aus der digitalen Transformation resultierenden neuen Aufgaben der Internen Kommunikation beschreiben. Sie lassen wiederum einen Rückschluss auf die mit ihrer Wahrnehmung verbundenen Rollen der Internen Kommunikation zu.

Entwicklung und Vermittlung einer Transformationsstory

Diese Aufgabe ist zunächst nicht neu. Eine entsprechende Story sollte zentraler Bestandteil jedes Veränderungsprozesses sein. Nun unterscheidet sich aber die digitale Transformation von anderen Veränderungsprozessen insbesondere durch ihren weitgehend unbekannten Ausgang. Während beispielsweise eine Fusion zwischen zwei Unternehmen auf einen bekannten Zielzustand hinarbeitet, ist die digitale Transformation eher mit dem Aufbruch zu einer Abenteuerreise vergleichbar, deren genaue Route und finale Reiseziele zu Beginn noch nicht fixiert sind. Restrukturierungen oder M&A-Projekte werden gewöhnlich von einem kleinen Team verantwortet, das alle Ziele und Inhalte zentral erarbeitet und deshalb in der Lage ist, eine eingängige und nachvollziehbare Change-Story mit der Unterstützung eines Kommunikationsexperten zentral zu entwickeln. Das funktioniert bei der digitalen Transformation jedoch nicht. Eine wirksame Transformationsstory muss vielmehr ebenso offen gestaltet sein, wie es der Prozess der digitalen Transformation selbst ist. Die Gründe für den Wandel und die wichtigsten Zielsetzungen und Inhalte des Transformationsprozesses lassen sich zentral vorgeben. Doch gerade die Antworten auf Fragen nach konkret sichtbaren und erfahrbaren Veränderungen im Geschäftsalltag, dem individuellen Beitrag jedes Einzelnen und dem Nutzen der Veränderungen für die Mitarbeiter sollten gemeinsam mit ihnen entwickelt werden, wenn die Digitalisierung bereits Fahrt aufgenommen hat. So entsteht eine Transformationsstory, die mit fortschreitendem Veränderungsprozess weiterentwickelt und weitererzählt wird. Und das nicht nur von der Unternehmensleitung oder der Internen Kommunikation, sondern auch von den Mitarbeitern und Führungskräften, die an ihrer (Weiter-)Entwicklung beteiligt sind.

Noch ein Wort zu den obligatorischen Inhalten einer überzeugenden Transformationsstory: Neben dem „Was" und dem „Wie" muss sie vor allem das „Warum" der Veränderung erläutern. Gerade in Unternehmen, die mit einem bewährten Geschäftsmodell unverändert wirtschaftlich erfolgreich sind und deren Marktbedingungen sich in den letzten Jahren kaum verändert haben, liegt es für die Belegschaft nicht unbedingt auf der Hand, warum sich ihr Arbeitgeber der Digitalisierung überhaupt widmen muss. Hier ist Überzeugungsarbeit nötig. Damit sie gelingt, muss die Interne Kommunikation ihre Bezugsgruppen genau kennen, das Marktumfeld und technologische Trends verstehen und über ausgeprägte Fähigkeiten im Storytelling verfügen. Zudem benötigt sie eine große Nähe zu den Entscheidungsträgern im Unternehmen, ohne deren Mitwirkung eine glaubwürdige, überzeugende und vor allem von der Unternehmensleitung getragene Transformationsstory nicht entstehen kann. Für die Mitarbeiter fungiert die Interne Kommunikation als ein Lotse, der ihnen den Kontext für die digitale Transformation erschließt und Zusammenhänge beziehungsweise Abhängigkeiten aufzeigt, um ihnen so ein möglichst sicheres Fahrgefühl zu vermitteln.

Ermöglichung von Dialog und Beteiligung auf allen Ebenen

Wie schon in Bezug auf die Transformationsstory kurz erläutert, genügt es nicht mehr, die unterschiedlichen Stakeholder zu informieren und bereits getroffene Entscheidungen bestenfalls noch zu erklären. Stattdessen muss die Interne Kommunikation Beteiligungsformate anbieten und auf allen Ebenen den Dialog fördern.[5] Führungskräfte und Mitarbeiter müssen in der digitalen Transformation ganz anders mobilisiert werden, denn der Erfolg hängt davon ab, dass sie bereitwillig Wissen teilen, eigene Ideen einbringen und Eigeninitiative zeigen. Durch die Einbindung von Mitarbeitern aus verschiedenen Bereichen können zudem unterschiedliche Perspektiven von vornherein berücksich-

[5] Beispielhaft sei hier die Initiative „Leadership 2020" der Daimler AG genannt, bei der Mitarbeiter aus allen Hierarchieebenen, unterschiedlichen Altersgruppen, Nationalitäten und Kulturen ein neues Führungsleitbild für die digitale Transformation erarbeiten. Siehe hierzu das Interview „Diversität wird sich auch in den Führungskulturen widerspiegeln" (2016).

tigt werden. Und auch der Rückhalt und die Motivation in der Belegschaft – besonders bei den Digital Natives[6] – fallen größer aus, wenn es Partizipationsmöglichkeiten gibt. Eine gelebte Dialog- und Beteiligungskultur ist ebenfalls entscheidend bei der erfolgreichen Einführung von Social Media in Unternehmen (vgl. Kurzauswertung Trendmonitor Interne Kommunikation 2013). Denn ein echter Dialog muss erst erlernt werden. Dafür genügt es nicht, lediglich dialogorientierte Medien bereitzustellen. Vielmehr müssen die Mitarbeiter und Führungskräfte ermutigt und befähigt werden, ohne Scheu in der Unternehmensoffentlichkeit ihre Meinung zu äußern und auch kritische Sachverhalte offen anzusprechen. Denn dieses Kommunikationsverhalten haben sie häufig verlernt oder es beschränkt sich auf den informellen Austausch in der Kantine, den Raucherecken und den Kaffeeküchen. Zumindest in der offiziellen schriftlichen und persönlichen Internen Kommunikation sind ein echter Dialog und ehrlicher Meinungsaustausch nur selten anzutreffen. Dabei sind sie wichtige Voraussetzungen für einen ungehinderten Wissens- und Ideenaustausch, ohne den die digitale Transformation nicht gelingen kann. Das in hierarchischen Organisationen häufig anzutreffende Geschwisterpaar Herrschaftswissen und Silodenken ist hingegen äußerst hinderlich, wenn ein Unternehmen schneller, unternehmerischer und innovativer werden möchte. Die Interne Kommunikation kann diese Missstände nicht alleine beseitigen. Als besonders prominenter bzw. visibler Kommunikator des Unternehmens kann sie jedoch mit gutem Beispiel vorangehen und selbst das gewünschte Kommunikationsverhalten an den Tag legen. Dafür sollte sie in die Rolle eines Hofnarren schlüpfen. Die Bezeichnung Hofnarr klingt zunächst vielleicht etwas ungewöhnlich, jedoch verweist sie auf eine ganz wesentliche Aufgabe der Internen Kommunikation. Der Hofnarr stellt das Gegenmodell zum unreflektierten Hofberichterstatter dar, der sich darauf beschränkt, die Ansichten und Entscheidungen der Obrigkeit ungefiltert kundzutun. Für Hofnarren an mittelalterlichen Fürstenhöfen galt bekanntermaßen die Narrenfreiheit, die es ihnen ermöglichte, ungestraft Kritik an den bestehenden Verhältnissen zu üben. Diese Funktion sollten auch Interne Kommunikatoren erfüllen. Denn auf diese Weise leisten sie einen wichtigen Beitrag zu einer gelebten Dialogkultur und einer Kommunikation auf Augenhöhe zwischen der Unternehmensleitung und der Belegschaft. Dabei sollte die Interne Kommunikation nicht nur der Unternehmensleitung einen Spiegel vorhalten, sondern gleichermaßen auch den Führungskräften und Mitarbeitern. Auch sie benötigen regelmäßiges Feedback, inwieweit ihr Verhalten geeignet ist, die vom Unternehmen gewünschte und der digitalen Transformation dienliche Kommunikationskultur entstehen zu lassen. Konkret könnte dies beispielsweise bedeuten, dass die Interne Kommunikation eine Dialogveranstaltung mit dem Vorstand bewusst mit provokant formulierten Fragen eröffnet und sich mit ausweichenden Antworten nicht zufrieden

[6]Siehe auch Deekeling et al. (2013, S. 117 f.): „Diese junge und leistungsstarke Generation von selbstbewussten und höchst eigenständigen Menschen hat ein starkes Bedürfnis nach Gestaltungsfreiräumen, Individualität, Selbstverwirklichung und Sinnhaftigkeit der eigenen Tätigkeit. […] Und gerade im Change zeigt sich, wie ernst es um die Kultur der Mitgestaltung, Individualität, Selbstverwirklichung und Sinnhaftigkeit wirklich steht."

gibt, um dadurch sowohl den Vorstand aus der Reserve zu locken als auch den anwesenden Mitarbeitern deutlich zu machen, dass ein echter Dialog auf Augenhöhe gewünscht ist und keine Konsequenzen drohen, wenn jemand Kritik äußert oder die politische Korrektheit außer Acht lässt. In diesem Sinne verstanden, wirkt die Interne Kommunikation nicht nur als Hofnarr, der den vielfältigen Akteuren im Unternehmen den Spiegel vorhält, sondern auch als Kulturentwickler, der die Art und Weise von Kommunikation verändert und damit die Unternehmenskultur nachhaltig beeinflusst.

Ausbau der Vernetzungsmöglichkeiten

Um besser und schneller auf Kundenbedürfnisse und Veränderungen im Markt eingehen zu können und um innovativer zu sein, müssen Unternehmen insgesamt durchlässiger werden. Kompetenzsilos, Bereichsegoismen und hierarchische Klubs sind dafür hinderlich.[7] Ebenso wie zu viele trennende Mauern in Firmengebäuden, weshalb immer mehr Unternehmen sich vom Einzelbüro verabschieden und offenere Bürolandschaften einführen. Multilaterale Kommunikation und unternehmensweite Zusammenarbeit gewinnen erheblich an Bedeutung. Die Führungskräftekommunikation und die mediale Interne Kommunikation müssen diese neuen Bedarfe bedienen. Dafür genügt es nicht, ausschließlich in digitale Medien zu investieren. Nähe und Vertrauen entstehen vor allem über den persönlichen Austausch, der über vielfältige Kommunikationsformate gefördert werden kann, beispielsweise durch Dialogrunden, Workshops, Mitarbeiterfeste, Kaminabende, Betriebssport, gemeinsame Kantinenbesuche. Alles bewährte Formate, die schon lange mit Erfolg praktiziert werden und um neue Formate ergänzt werden sollten, z. B. „Speed Networking“[8], „Brownbag Sessions“ oder themenbezogene

[7]Lesenswert ist in diesem Zusammenhang auch der Blogartikel des Management-Professors Henry Mintzberg, der zwischen Silos und sogenannten „Slabs“ unterscheidet, d. h. zwischen vertikalen und horizontalen Trennungslinien in Organisationen, die eine Vernetzung über Abteilungsgrenzen und Hierarchieebenen stark erschweren (Mintzberg 2015).

[8]Beim „Speed Networking“ geht es darum, während der Veranstaltungsdauer von zumeist einer Stunde so viele interessante Kontakte wie möglich zu knüpfen. Für das Kennenlernen stehen mehrere Runden von jeweils drei Minuten zur Verfügung, in denen sich die Teilnehmer einander vorstellen und möglicherweise kurz in ein Thema einsteigen. Nach Ablauf der Zeit ertönt ein Signal, das die Teilnehmer zum Wechsel des Gesprächspartners auffordert. Dieses Veranstaltungsformat kommt häufig bei Business-Networking-Veranstaltungen zur Anwendung. Es eignet sich aber auch als ein wirkungsvolles und unterhaltsames Instrument zur Vernetzung von Menschen innerhalb eines Unternehmens.

Communitys[9]. Auch persönliche Meetings und Konferenzen werden an Bedeutung gewinnen, allerdings mit neuen Erwartungen an ihre Ausgestaltung: Künftig steht weniger die Informationsvermittlung im Vordergrund als vielmehr die Möglichkeit des Netzwerkens und der direkten Interaktion. Und wenn es schon um Informationen geht, dann müssen sie wenigstens exklusiv, d. h. nur auf diesem Wege zu beschaffen sein. Die Interne Kommunikation muss sich folgerichtig in die Rolle eines Architekten begeben, der zu den übergeordneten Zielen (z. B. mehr Innovationen, verkürzte Time-to-Market, stärkere Kundenorientierung, agiles Arbeiten, lernende Organisation) die passende Kommunikationslandschaft, d. h. Medien, Kanäle, Instrumente, Inhalte, gestaltet. Die Kommunikationsabteilung selber sollte zu einer Keimzelle für Vernetzung werden. Gerade weil die digitale Transformation und das dafür benötigte Change-Management interdisziplinäre Aufgaben sind, müssen sich Kommunikatoren ganz losgelöst von der Ausgestaltung der formalen, im Organigramm sichtbaren Organisationsstruktur wirksam mit anderen Disziplinen vernetzen, beispielsweise mit Strategie, Human Resources, Marketing, IT und Organisationsentwicklung. Digitale Medien liefern dafür gleich noch die passenden Tools und vereinfachen das funktionsübergreifende Community Building erheblich.

Integration einer größeren Vielfalt von Stakeholdern

Unternehmen sehen sich heutzutage einer deutlich größeren Heterogenität ihrer Stakeholder gegenüber. Das gilt nicht nur extern, sondern zunehmend auch für interne Zielgruppen. In vielen Unternehmen arbeiten bis zu fünf Generationen, deren Werte und Erwartungen an die Arbeitswelt, an Führung und Zusammenarbeit sich teilweise fundamental unterscheiden. Sollen sie produktiv zusammenarbeiten, bedarf es einer integrierenden Funktion der Internen Kommunikation. Auch müssen die „Traditionalisten" eines Unternehmens wirksam mit den „Exoten" vernetzt werden, die von außen kommen und von denen sich das Unternehmen wertvolle Impulse für die digitale Transformation erhofft. Unternehmen arbeiten vermehrt mit externen Mitarbeitern (Beratern, Freiberuflern, Zeitarbeitskräften) zusammen. Auch sie sollten in die Interne Kommunikation eingebunden werden, was heute oftmals noch nicht ausreichend geschieht. Zukünftig wird

---

[9]Themenbezogene Communitys funktionieren nicht nur online, sondern auch offline: Gerade wenn sich die Teilnehmer noch nicht kennen und sich ihre physische Zusammenführung mit einem überschaubaren Aufwand realisieren lässt, bietet es sich an, zu einem echten Treffen einzuladen. Themenbezogene Communitys bringen Menschen zusammen, die über eine bestimmte Expertise verfügen und vergleichbare Aufgaben wahrnehmen, jedoch nicht in derselben Abteilung arbeiten und deshalb auch nicht in regelmäßigem Austausch miteinander stehen. In einer themenbezogenen Community können Mitarbeiter selbstorganisiert zusammenkommen und sich austauschen. Auf diese Weise dient die Community gleichermaßen der abteilungsübergreifenden Vernetzung und dem Wissensaustausch. In Unternehmen existieren vielfältige Varianten dieser Communitys. So organisieren sich beispielsweise die Product Owner der IT-Organisation eines deutschen Touristik-Konzerns in einer solchen Community. Bei Axel Springer SE kommen Experten zum fachlichen Austausch in einem „Best Practice Club" zusammen.

sich die Interne Kommunikation stärker an thematisch abgegrenzten Communitys ausrichten müssen, anstatt weiterhin nach dem Status oder der hierarchischen Zuordnung ihrer Adressaten zu differenzieren: Für die Ausgestaltung der Kommunikation sollte es wichtiger sein, welche Personen an einem Thema arbeiten, als dass sie einer bestimmten Hierarchieebene angehören oder zur Kernbelegschaft zählen. Nicht zuletzt stellt auch die wachsende Zahl von Mitarbeitern im Homeoffice neue Anforderungen an ihren (kommunikativen) Anschluss an das Unternehmen. Damit die zuvor beschriebene Vielfalt für die Unternehmenskommunikation positiv genutzt werden kann, hat die Interne Kommunikation auf Tuchfühlung mit ihren unterschiedlichen Bezugsgruppen zu sein. Dafür muss der Kommunikationsverantwortliche seinen Schreibtisch verlassen und hinaus in die Produktionshallen, Entwicklungszentren und Vertriebsniederlassungen gehen. So wie der Dirigent verschiedene Instrumentalisten zu einem Orchester integrieren muss, so muss auch die Interne Kommunikation dafür Sorge tragen, dass alle Führungskräfte und Mitarbeiter wissen, was gerade gespielt wird und dass die vielfältigen Stimmen in einer Organisation zum richtigen Zeitpunkt und an passender Stelle hörbar werden. Das gilt für interne wie für externe Stimmen, denn das Unternehmen der Zukunft arbeitet nicht abgeschottet; es öffnet sich nach außen. Die Integration des Neuen in das Bekannte wird eine entscheidende Kommunikationsaufgabe darstellen – und dies nicht nur im Hinblick auf Menschen, sondern auch auf Produkte, Prozesse, Arbeits- und Denkweisen.

Steuerung einer zunehmenden Anzahl von Kanälen

Früher galt in Unternehmen: *One Story – One Voice.* Inzwischen gilt schon längst: *One Story – Many Voices.* Denn die Unternehmen haben schon heute einen beträchtlichen Teil ihrer Internen Kommunikation aus der Hand gegeben. Ich meine damit nicht die informelle Kommunikation am Kaffeeautomaten, in der Kantine oder am Kickertisch. Unternehmen müssen sich nur einmal vergegenwärtigen, wie viele Facebook-Seiten und -gruppen es zu ihrem Namen gibt, die ganz ohne Zutun der Kommunikationsverantwortlichen von Mitarbeitern ins Leben gerufen wurden. Aufgabe der Internen Kommunikation kann es daher nicht sein, eine längst verlorene Gatekeeper-Rolle zurückzuerlangen. Vielmehr muss sich ihre zentrale Aufgabe ändern: von der Kommunikation der Organisation hin zur Organisation der Kommunikation. Dafür bedarf es einer engen Verzahnung von Interner und Externer Kommunikation. Dies wird am Beispiel großer Change-Projekte besonders deutlich: Wenn Mitarbeiter in unternehmensexternen sozialen Netzwerken mit negativem Unterton über ihre Wahrnehmung eines Veränderungsprozesses im Unternehmen berichten, dann berührt das nicht nur die interne Change-Kommunikation, sondern hat auch Auswirkungen auf das Bild des Unternehmens in der Öffentlichkeit. Die Steuerung einer zunehmenden Zahl von Kanälen und die Koordination vielfältiger Kommunikatoren bringt für die Interne Kommunikation eine neue Rolle mit sich. Um weiterhin wirksam zu sein, sollte sie als Kurator fungieren, der die von unterschiedlichsten Personen erzeugten Inhalte einordnen hilft und bei ihrer Verbreitung unterstützt. Dafür ist es zentral, übergreifende inhaltliche Ziele zu definieren, denen die Kommunikation dienen soll. Nur so kann der Kommunikationsverantwortliche die entsprechenden Sender,

Inhalte und Kanäle auf nachvollziehbare Weise kuratieren. Die Interne Kommunikation ist somit nicht mehr der zentrale Content-Provider. Stattdessen sucht sie online und offline nach Inhalten, die für ihre jeweiligen Bezugsgruppen interessant sein könnten, und stellt sie für sie zusammen, beispielsweise in Form einer Zusammenfassung relevanter Medienartikel, in der Wiedergabe von Expertenaussagen, durch die Kommentierung eines Sachverhaltes oder durch das Einbinden von Inhalten, die von Mitarbeitern erzeugt wurden. Auf diese Weise gibt die Interne Kommunikation den Mitarbeitern Orientierung im Informationsdickicht: Durch gezielt ausgewählte Inhalte schafft sie Kontext, hilft bei der Einordnung von Ereignissen bzw. Informationen und gibt Denkanstöße und Handlungsimpulse. Mit dem Kuratieren von Inhalten folgt die Interne Kommunikation aber auch dem Nutzer- und Kommunikationsverhalten der Mitarbeiter, die ebenfalls vermehrt Inhalte anderer User im Netz teilen. Dabei sollte die Kommunikationsabteilung die Verbreitung insbesondere der Inhalte fördern, die in einem Zusammenhang mit strategischen Kommunikationszielen stehen. Ist eines davon beispielsweise die Bekanntmachung eines neuen Leitbilds, könnte die Interne Kommunikation im Intranet auf Diskussionen zum Thema New Work in externen sozialen Netzwerken verweisen, eine Rede des Vorstands zum Leitbild von der letzten Führungskräftekonferenz verbreiten oder Wünsche von Mitarbeitern aus einem Chat mit dem Personalleiter aufgreifen und kommentieren. Auf diese Weise bietet die Interne Kommunikation ihren Bezugsgruppen Orientierung und hilft ihnen bei der Einordnung von Sachverhalten und Meinungen mit dem Ziel, auch mit vielen Stimmen eine Story zu transportieren.

Stärkere Individualisierung von Geschichten

Je vielfältiger die angesprochenen Bezugsgruppen und genutzten Kanäle sind, desto stärker müssen Geschichten individualisiert werden. Zum einen, um die jeweiligen Stakeholder-Gruppen mit ihren Bedürfnissen und Erwartungen zu erreichen. Zum anderen auch, um die Möglichkeiten des jeweiligen Kanals voll auszuschöpfen. Soziale Netzwerke wie Facebook, Tumblr, Instagram, YouTube und Twitter unterscheiden sich stark voneinander und bedürfen einer spezifischen Aufbereitung der Inhalte. Insgesamt werden Bilder, Videos und Infografiken wichtiger in der Kommunikation. Dank der Digitalisierung lässt sich viel leichter herausfinden, was Anspruchsgruppen wirklich wollen: Umfragen können ohne großen Aufwand und Streuverluste initiiert werden. Zudem lässt sich das Nutzerverhalten digitaler Medien leicht auswerten, sodass deutlich wird, welche Inhalte wie ankommen und wen erreichen. Der Kommunikator als Geschichtenerzähler kommt also nicht aus der Mode. Im Gegenteil: „Storytelling erweist sich derzeit als eine der erfolgversprechendsten Techniken […]. Gute Geschichten geben kommunikative Hilfestellung und Erklärungsmuster für komplexe Themen. Sie bringen Fakten in interpretierbare Zusammenhänge, reduzieren Komplexität und ordnen unsere Welt“ (Sammer 2015, S. 10 f.). Doch angesichts der Möglichkeiten digitaler Medien und veränderter Nutzererwartungen, beispielsweise im Hinblick auf Interaktions- und Beteiligungsmöglichkeiten, verliert der Geschichtenerzähler seine exklusiven Autorenrechte: „Modernes Storytelling ist nicht nur nichtlinear, sondern auch offen, flexibel und experimentierfreudig. Es bezieht sein Publikum mit ein und ruft dazu auf, die Geschichte mannigfaltig weiterzuerzählen“ (Sammer 2015, S. 165).

Optimierung der Kommunikation durch besseres Controlling

Bei der Mitarbeiterzeitung in gedruckter Form kannte man nur die Auflage und konnte bei entsprechendem Vertrauen in die Hauspost davon ausgehen, dass jeder Mitarbeiter ein Exemplar erhalten hat. Wer die Zeitung tatsächlich gelesen hat, wie intensiv einzelne Artikel studiert worden sind und wem welche Inhalte besonders gut gefallen haben, konnte allenfalls über Leserbriefe bzw. Leserbefragungen und auch nur in Ansätzen ermittelt werden. Ganz anders in digitalen Medien. Hier stehen zahlreiche Auswertungs- und Analysemöglichkeiten zur Verfügung, die von der Kommunikationsabteilung genutzt werden sollten, um die eigene Arbeit zielgerichteter zu gestalten. Damit wird der Kommunikator stärker zu einem Manager von Kommunikation, der vergleichbar mit anderen Unternehmensfunktionen bestrebt ist und dies auch nachvollziehbar dokumentieren kann, seine Ressourcen möglichst gewinnbringend (für das Unternehmen, nicht in erster Linie für den Kommunikationsbereich) einzusetzen.

Förderung von kommunikativen Fähigkeiten auf allen Ebenen

In der Zukunft übernehmen immer mehr Akteure eines Unternehmens Verantwortung für die Kommunikation. Folgerichtig muss die Unternehmenskommunikation den Fokus nicht mehr so sehr auf das Management der Kommunikationsprozesse legen, sondern vielmehr auf die Förderung kommunikativer Fähigkeiten. Im Kontext der Digitalisierung gilt das beispielsweise für die Entwicklung neuer Kompetenzen wie „Working Out Loud“[10]. Diese Kompetenzvermittlung muss auf allen Ebenen erfolgen, nicht nur für den Vorstand, der in den meisten Fällen bereits heute in den Genuss professioneller Unterstützung kommt. Projektverantwortliche können darin geschult werden, wie sie ein wirksames Stakeholdermanagement aufsetzen, ihre Projektinhalte bezugsgruppengerecht kommunizieren oder Beteiligung ermöglichen. Mitarbeiter hingegen benötigen möglicherweise Hilfestellung im Umgang mit den unternehmensinternen sozialen Medien, sei es beim Auffinden von Inhalten, bei der Wahrung einer „Netiquette“[11] oder beim Verfassen eines Blogbeitrags. Dafür muss die Interne Kommunikation in die Rolle eines Coaches und Trainers schlüpfen, der die kollektive Kommunikationskompetenz in einer Organisation vergrößert und auf allen Ebenen fähige Kommunikatoren aufbaut. Diese Aufgabe sollte die Interne Kommunikation möglichst im Schulterschluss mit der Personalabteilung wahrnehmen, die in den meisten Fällen über viel Erfahrung und bewährte

[10]„Working Out Loud“ ist eine Methode, die ihren Ursprung in den USA hat. Sie hat zum Ziel, durch gezieltes Teilen von Erkenntnissen, unfertigen Ideen und Arbeitsergebnissen im sozialen Netz Diskussionen zu initiieren und Feedback zu erhalten, um auf diese Weise zu lernen (siehe Stepper 2015).

[11]Siehe hierzu den Wikipedia-Artikel „Netiquette“ (2016).

didaktische Methoden in der Kompetenzvermittlung verfügt. Als inhaltlicher Treiber für die Förderung von kommunikativen Fähigkeiten auf allen Ebenen bietet sich jedoch die Interne Kommunikation an, denn sie kann den konkreten Weiterbildungsbedarf am besten einschätzen und verfügt selbst über die benötigte Kommunikationskompetenz.

Fazit: Für eine erfolgreiche Digitalisierung brauchen Unternehmen eine starke Interne Kommunikation

Die digitale Transformation stellt Unternehmen vor große Herausforderungen. Sie umfasst weitaus mehr als nur die Digitalisierung ehemals analoger Produkte und Prozesse. Unternehmen müssen große Anstrengungen unternehmen, um sich im Markt einer wachsenden Zahl digitaler Angreifer zu erwehren. Das geht nicht ohne eine fundamentale Erneuerung ihrer Organisation, Geschäftsmodelle, Prozesse, Produkte, Strukturen, Führung und Kultur. Der gestiegene Bedarf an besserer interner und externer Vernetzung, an Dialog, an interdisziplinärer, bereichsübergreifender Kollaboration, an Transparenz, Agilität und Beteiligung erfordert Kommunikationsexpertise und eine „Leading Role" der Internen Kommunikationsabteilung in der digitalen Transformation.

Möchten die Kommunikatoren zukünftig an vorderster Front mitspielen und nicht zusehen müssen, wenn andere Disziplinen in ihre Domäne vordringen, dann sollten sie die Digitalisierung als eine Chance begreifen, sich selbst zu erneuern und so aufzustellen, dass sie für die Verantwortlichen der digitalen Transformation zu einem geschätzten Partner werden. Dabei darf die Kommunikationsabteilung nicht darauf warten, dass ihr eine Führungsrolle angeboten wird. Stattdessen muss sie selbst die Initiative ergreifen und sich als echter Treiber und kompetenter Partner ins Spiel bringen. Wenn es beispielsweise noch kein Zielbild der Organisation gibt, aus dem eine Kommunikationsstrategie abgeleitet werden kann: Warum dann nicht per Crowdsourcing ein Zukunftsbild unter Beteiligung interner und externer Stakeholder entwickeln lassen? Damit könnte die Kommunikationsabteilung eindrucksvoll unter Beweis stellen, dass sie sich auf die Organisation von Beteiligungsformaten versteht und eine Führungsrolle bei der Transformation tatsächlich verdient. Ein echter Wertbeitrag für das Unternehmen. Und ein überzeugender Beitrag zur Positionierung der Unternehmenskommunikation als strategischer Partner.

Um in der digitalen Transformation von Unternehmen ihre volle Kraft zu entfalten, muss sich die Kommunikationsabteilung selbst angreifen und im schumpeterschen Sinne „schöpferisch zerstören". Das gilt ganz besonders für die Interne Kommunikation, deren Stellenwert aufgrund der veränderten Anforderungen an Führung, Zusammenarbeit, unternehmerisches Handeln und Innovation deutlich zunehmen wird. Nur mit einer zeitgemäßen Positionierung, einem zukunftsgerichteten Selbstverständnis und neuen Rollen kann die Interne Kommunikation die sich ihr mit der Digitalisierung bietende Chance nutzen, zum Treiber und Gestalter des Erneuerungsprozesses von Unternehmen zu werden.

Literatur

Literatur zu Abschn. 4.1

Bernays EL (1952) Public relations. University of Oklahoma Press, Norman

Coupland D (1992) Generation X. Galgenberg, Hamburg

Crovitz LG (2008) Optimism and the digital world. Wall Street Journal, 21. April. http://www.wsj.com/articles/SB120873501564529841. Zugegriffen: 04. Jan. 2017

Drucker PF (1954) The practice of management. Harper & Row, New York

Floridi L (2015) Die 4. Revolution – Wie die Infosphäre unser Leben verändert. Suhrkamp, Frankfurt

Frey CB, Osborne M (2013) The future of employment: how susceptible are jobs to computerization? Oxford Martin Programme on Technology and Employment, Oxford (Working Paper)

Friedman TL (2005) The world is flat. A brief history of the twenty-first century. Farrar, New York

Ghemawat P, Altmann S (2016) DHL global connectedness index 2016. Deutsche Post DHL Group, Bonn

Hammersley B (2015) Vortrag im Rahmen des Delphi-Dialogs von Deutsche Post DHL Group, 25. November 2015 (unveröffentlichtes Manuskript)

Kelley T (2008) The ten faces of innovation. Bookmarque, Croydon

Klewes J, Zerfaß A (2011) Strukturen und Prozesse in der Unternehmenskommunikation. Qualitative Studie zu Status und Trends in der Organisation der Kommunikationsfunktion in deutschen Konzernen. Unveröff. Studienbericht, Heinrich-Heine-Universität Düsseldorf & Universität Leipzig

Klewes J, Popp D, Rost-Hein M (2017) Managing the digital transformation: ten guidelines for communications professionals. In: Klewes J, Popp D, Rost-Hein M (Hrsg) Out-thinking organizational communications. Springer Nature, Berlin, S 187–195

Kuhn TS (1962) The structure of scientific revolutions. University of Chicago Press, Chicago

Lyotard J-F (2012) Das postmoderne Wissen, 7. Aufl. Passagen, Wien

Page A et al (1932) Modern communication. Houghton Mifflin, Boston

Phillips R (2015) Trust me, PR is dead. Unbound, London

Rifkin J (2011) Die dritte industrielle Revolution: Die Zukunft der Wirtschaft nach dem Atomzeitalter. Campus, Frankfurt a. M.

Röttger U, Stahl J (2015) Karriere im Kommunikationsmanagement: Berufserwartungen der Kommunikationsexperten von morgen. Akademische Gesellschaft für Unternehmensführung & Kommunikation, Leipzig

Vahs D (2009) Organisation, 7. Aufl. Schäffer-Poeschel, Stuttgart

Zerfaß A, Ehrhart C, Lautenbach C (2014) Organisation der Kommunikationsfunktion: Strukturen, Prozesse und Leistungen für die Unternehmensführung. In: Zerfaß A, Piwinger M (Hrsg) Handbuch Unternehmenskommunikation. Springer Fachmedien, Wiesbaden, S 987–1010

Literatur zu Abschn. 4.2

Roland Berger Strategy Consultants (2015) Die digitale Transformation der Industrie (Studie im Auftrag des BDI). https://www.rolandberger.com/de/press/Press-Release-Details_3467.html

Literatur zu Abschn. 4.3

Arthur W. Page Society (2016) The new CCO: transforming enterprises in a changing world. http://www.awpagesociety.com/thought-leadership/the-new-cco-transforming-enterprises-in-a-changing-world. Zugegriffen: 02. Dez. 2016

Das Cluetrain Manifesto (1999) http://www.cluetrain.com/auf-deutsch.html. Zugegriffen: 02. Dez. 2016

Deekeling E, Arndt S, Barghop D (2013) Change-Kommunikation. Helios Media, Berlin

„Diversität wird sich auch in den Führungskulturen widerspiegeln“ – Interview der Haufe Online-Redaktion mit Wilfried Porth, Arbeitsdirektor Daimler AG (2016) https://www.haufe.de/personal/hr-management/daimler-arbeitsdirektor-wilfried-porth-ueber-leadership-40_80_349900.html. Zugegriffen: 02. Dez. 2016

Hering R, Schuppener B, Sommerhalder M (2004) Die Communication Scorecard. Haupt, Bern

Kurzauswertung Trendmonitor Interne Kommunikation 2013 (2013) http://interne-kommunikation.net/wp-content/uploads/scm_Kurzauswertung_Trendmonitor_2013.pdf. Zugegriffen: 02. Dez. 2016

Mintzberg H (2015) Enough of silos? How about slabs? http://www.mintzberg.org/blog/slabs. Zugegriffen: 02. Dez. 2016

Reithwiesner M (2016) Innovieren statt untergehen. OrganisationsEntwicklung – Zeitschrift für Unternehmensentwicklung und Change Management 3:29–35

Sammer P (2015) Storytelling – Die Zukunft von PR und Marketing. O’Reilly, Köln

Schick S (2010) Interne Unternehmenskommunikation. Schäffer-Poeschel, Stuttgart

Seibel K (2016) „Wir müssen uns selbst angreifen“. http://hd.welt.de/Finanzen-edition/article158452397/Wir-muessen-uns-selbst-angreifen.html. Zugegriffen: 02. Dez. 2016

Stepper J (2015) Working out loud: for a better career and life. Ikigai, New York

Wikipedia-Artikel „Netiquette“. https://de.wikipedia.org/wiki/Netiquette. Zugegriffen: 02. Dez. 2016

Über die Autoren

Prof. Dr. Christof Ehrhart, Deutsche Post DHL Group, leitet seit 2009 als Executive Vice President den Zentralbereich Konzernkommunikation & Unternehmensverantwortung der im DAX 30 gelisteten Deutsche Post DHL Group. Zuvor verantwortete er unter anderem die weltweite Unternehmenskommunikation des Luft- und Raumfahrtkonzerns EADS und des Pharma-Unternehmens Schering AG.

Ehrhart blickt auf mehr als 20 Jahre Erfahrung im internationalen Kommunikationsmanagement zurück. Er begann seinen Werdegang 1995 beim Medienunternehmen Bertelsmann, wo er unter anderem bei AOL Bertelsmann Europa die erste Phase der digitalen Revolution mitgestaltete.

Der promovierte Politikwissenschaftler ist seit Januar 2013 Honorarprofessor für Internationale Unternehmenskommunikation am Institut für Kommunikations- und Medienwissenschaft der Universität Leipzig. Er hat zu Kommunikationsthemen publiziert und zahlreiche Vorträge gehalten. Unter www.futureproofingpr.de bloggt er über die Zukunft der PR im digitalen Zeitalter.

Christoph Hardt, Gesamtverband der Deutschen Versicherungswirtschaft e. V. (GDV), ist seit November 2013 Geschäftsführer Kommunikation des in Berlin ansässigen Gesamtverbandes. Er studierte in Heidelberg Geschichte, Philosophie und Musikwissenschaft (M.A.) und arbeitete nach einem Volontariat beim *Kölner Stadt-Anzeiger* als politischer Journalist. Für die Holtzbrinck-Regionalzeitungen berichtete er von 1997 bis 2000 als Parlamentskorrespondent aus

Bonn und Berlin. Danach war er zehn Jahre in verschiedenen Positionen beim *Handelsblatt* tätig, ab 2008 als Leiter des Ressorts Unternehmen und Märkte.

Anfang 2010 wechselte Hardt zur Siemens AG nach München und übernahm dort die weltweite Mitarbeiter- und Führungskräftekommunikation. Er baute die interne Online-Kommunikation aus und entwickelte das Konzept für den Siemens-Newsroom. Von Oktober 2011 an war er Chef der Abteilung Content and Messages und verantwortete aus dem Siemens-Newsroom heraus die zentralen Themen der Konzern-Kommunikation. Auch beim GDV steht der Newsroom im Mittelpunkt einer Transformationsgeschichte. Mit dem Projekt „Newsroom digital" verstärkt der Verband seit 2015 seine Social Media Angebote und schärft das Profil der Online-Kanäle.

Patrick Maloney, Hering Schuppener Unternehmensberatung für Kommunikation GmbH, arbeitete gut zehn Jahre mit zunehmender Verantwortung in HR-, Stabs- und Kommunikationsfunktionen im E.ON-Konzern. Bis Ende 2015 verantwortete der Diplom-Kaufmann dort den Kommunikationsbereich der E.ON Business Services GmbH, einer Gesellschaft mit 3700 Mitarbeitern in acht Ländern. Anschließend war er als selbstständiger Kommunikationsberater und Redenschreiber tätig und beriet in diesem Zusammenhang Unternehmen auch bei der Gestaltung ihrer Internen Kommunikation im Rahmen der digitalen Transformation. Seit Anfang 2017 ist Patrick Maloney bei der Hering Schuppener Unternehmensberatung für Kommunikation beschäftigt.

Transformation der Unternehmens- und Prozesskultur

5

Christina Afting, Johannes Burr, Julius Kranefuss, Sirka Laudon, Stephan Rammelt und Thomas Voigt

Zusammenfassung

Digitale Transformation betrifft nicht allein Prozesse und Strukturen. Sie hat auch einen massiven Einfluss auf die Geschäftskultur – allem voran auf die Führungspraxis und auf Formen der Zusammenarbeit. Collaboration, Agilität oder Beta-Leadership sind dazu nur einige Schlagworte. Es gilt, eine Kultur zu schaffen, die Raum für neue Ideen und Kreativität gibt und die die Handlungsgeschwindigkeit des Unternehmens erhöht. Die Bereitschaft, sich auf Neues einzulassen, ist dafür eine wesentliche Voraussetzung. Die Autoren dieses Kapitels zeigen, wie Kommunikation dazu beitragen kann. Thomas Voigt beschreibt den Kulturwandel in der Otto Group und

C. Afting (✉)
Deekeling Arndt Advisors in Communications GmbH, Düsseldorf, Deutschland
E-Mail: christina.afting@deekeling-arndt.de

J. Burr
Axel Springer SE, Berlin, Deutschland
E-Mail: johannes.burr@axelspringer.de

J. Kranefuss
ZWEIDREI Architekten GmbH, Berlin, Deutschland
E-Mail: zweidrei@zweidrei.eu

S. Laudon
Berlin, Deutschland
E-Mail: johannes.burr@axelspringer.de

S. Rammelt
Deekeling Arndt Advisors in Communications GmbH, Düsseldorf, Deutschland
E-Mail: stephan.rammelt@deekeling-arndt.de

T. Voigt
Otto Group, Hamburg, Deutschland
E-Mail: thomas.voigt@ottogroup.com

E. Deekeling und D. Barghop (Hrsg.), *Kommunikation in der digitalen Transformation,* DOI 10.1007/978-3-658-17630-3_5

was Kommunikation dabei anders macht als früher. Sirka Laudon und Johannes Burr entlarven Mythen des Kulturwandels und schildern, wie bei Axel Springer kulturelle Veränderung geplant und umgesetzt worden ist. Stephan Rammelt zeigt, wie durch Kommunikation Impulse für eine agile Unternehmenskultur gesetzt werden können. Die zunehmende kommunikative Bedeutung von Raumgestaltung und -ästhetik als Ausdruck einer ‚digitalen' Kommunikationskultur thematisiert der Architekt Julius Kranefuss in seinem Beitrag. Er hat unter anderem das *betahaus* in Berlin eingerichtet. Über die Bedeutung von Entdeckerreisen in die Start-up-Szene von Berlin und ihre Erfahrungen dazu berichtet Christina Afting.

5.1 Kalkulierter Traditionsbruch und lustvoller Kontrollverlust: Kommunikation im Prozess #Kulturwandel 4.0 der Otto Group

Thomas Voigt

Im Dezember 2015 traten die Gesellschafter Dr. Michael und Benjamin Otto sowie die sieben Vorstände der Otto Group auf einer Veranstaltung im Hamburger Headquarter vor mehrere hundert Mitarbeiter. Sie stießen dort und vor rund 30.000 per Videostream zugeschalteten Kolleginnen und Kollegen der Otto Group einen als „#Kulturwandel 4.0" bezeichneten Prozess an.

Diese Veranstaltung markiert den Anfang eines in der knapp 70-jährigen Unternehmensgeschichte einzigartigen Vorhabens, nämlich die Kultur der Gruppe und damit die Haltung und das Verhalten der Kolleginnen und Kollegen nachhaltig verändern zu wollen.

Der #Kulturwandel 4.0 nimmt die raschen Veränderungen in der (digitalen) Wettbewerbsarena in den Blick und fragt radikal nach der künftigen Existenzberechtigung für einen Konzern wie die Otto Group. Er würdigt die Vielfalt der Mitarbeiter und gelebter traditioneller Werte, die es mit Blick in die Zukunft neu zu beleben gilt. Er benennt schonungslos den Veränderungsbedarf auch des Topmanagements. Er will den Freiraum für Verhaltensänderung und Selbstbestimmung der Kolleginnen und Kollegen erweitern. Er definiert die Rolle von partizipativer Kommunikation auf Augenhöhe innerhalb des Unternehmens und weit darüber hinaus neu. Und er erfordert Kraft, um das Ungefähre, das in diesem Prozess unweigerlich verankert ist, auszuhalten.

Aber der Reihe nach.

Digitale Wettbewerbsarena: Disruptive Veränderungen

Die Otto Group steht als international tätige Handels- und Dienstleistungsgruppe wie viele andere Unternehmen vor der Herausforderung, die vielfach beschriebene „Digitale Transformation" zu bewältigen. War das Unternehmen über viele Jahrzehnte in einem klar umgrenzten und beschränkt dynamischen Geschäftsfeld des Versandhandels und entsprechender Logistik und Finanzservices tätig, hat die Digitalisierung die Wettbewerbsarena in den letzten Jahren erheblich und partiell disruptiv verändert.

Durchbruchsinnovationen wie das Internet und das Smartphone haben nicht nur das Informations- und Kommunikationsverhalten der Menschen, sondern auch das Einkaufsverhalten massiv und zuweilen radikal verändert. Die Kundinnen und Kunden treffen ihre Kaufentscheidung mehrheitlich über mobile Online-Kanäle wie Smartphones und Tablets, wobei Soziale Netzwerke, Suchmaschinen und Vergleichsportale eine immer größere Rolle spielen. Der Versandhandel ist zum Online-Handel geworden, in dem gedruckte Kataloge nur noch ein Marketinginstrument unter vielen sind. Hinzu kommt, dass auch der stationäre Handel, in dem die Otto Group vielfache Aktivitäten hat, durch die Transparenz im Online-Markt definiert wird.

Das erfordert von allen Anbietern nicht nur eine Änderung von Marketing und Vertrieb, sondern eine radikale Änderung von Geschäftsprozessen bis tief in die Supply Chain hinein – Breite oder Tiefe des Angebots, permanente Sortimentierung und Big-Data-Management seien hier beispielhaft genannt. Zudem sind die Unternehmen aufgefordert, ganz neue Servicedimensionen bei Zahlungssystemen, Transparenz und Lieferung zu bieten. Auch die Wettbewerbsarena hat sich entsprechend verändert. Einst handelsferne oder völlig unbekannte Anbieter, vom Start-up bis hin zu großen, börsennotierten Technologieanbietern, spielen als Konkurrenten, Plattformpartner oder Gatekeeper zum Kunden eine bedeutende, zuweilen führende Rolle. Für ein traditionsreiches Unternehmen wie die Otto Group bedeutet das einen radikalen Wandel in der strategischen und kulturellen Ausrichtung der Unternehmensgruppe. Schärfung des Portfolios, Markenprofilierung, Technologiekompetenz, Time-to-Market seien als Stichworte genannt.

Die Otto Group kann dabei auf ansehnliche Erfolge in der Transformation verweisen. Aus dem 1949 gegründeten Otto Versand ist eine international tätige Unternehmensgruppe geworden, die vom Handel wie von den Services her alle relevanten Wertschöpfungsstufen anbietet und synergetisch nutzt. Der Handel über das Netz wurde vom damaligen Vorstandsvorsitzenden Dr. Michael Otto bereits in den 90er Jahren des letzten Jahrhunderts als große Chance erkannt und konsequent vorangetrieben. Traditionelle Angebotskonzepte wie OTTO, Bonprix oder Crate and Barrel und Servicekonzepte wie Hermes und EOS wurden zu relevanten digitalen Playern transformiert, neue Konzepte wie MyToys, Limango und zuletzt Collins („About you") als innovative und stark wachsende Online-Anbieter etabliert. Mit weltweit rund 130 Beteiligungsunternehmen über die Corporate Ventures *Project A* und *e.ventures* hat die Otto Group Zugang zu agilen Gründern, frischen Ideen und relevanten Technologien. Mit über hundert Verkaufssites und rund sieben Milliarden Euro reinem Online-Umsatz gehört die Otto Group weltweit zu den Top 5 des E-Commerce und ist in Deutschland die Nummer zwei hinter Amazon (Stand 2015).

Treiber des #Kulturwandels 4.0: Weg vom „Idioten-Impuls"

Angesichts dieser durchaus bedeutenden Marktposition im internationalen Online-Business stellt sich die Frage, was die Gesellschafter und das Topmanagement dazu bewogen haben, im Jahr 2016 einen #Kulturwandel 4.0 auszurufen?

Ein wesentlicher Treiber ist die Erkenntnis, dass die digitale Transformation den Handels- und Dienstleistungsmarkt in den nächsten Jahren viel schneller und disruptiver verändern wird, als dies heute erkennbar ist. Das Internet of Things, Mobile Commerce und die erst in Umrissen erkennbaren fundamentalen Veränderungen durch Conversational Commerce, also die Kundenkommunikation durch Sprache, Maschine und Bots, erfordert von Unternehmen wie der Otto Group eine wesentlich höhere und schnellere Anpassungsleistung als bisher.

Ein weiterer Treiber sind die notwendigen Veränderungen im Management von Unternehmen. Im Kern geht es in einer Netzwerkökonomie um die Erkenntnis, dass die Entfaltungskraft des einzelnen Mitglieds eines Unternehmens durch ihren Vernetzungs- und Aktivierungsgrad definiert ist. Insbesondere die Kolleginnen und Kollegen der Generation Y und folgender haben einen hohen Mitbestimmungs- und Gestaltungsanspruch und wissen partizipative Prozesse zu schätzen. Das verträgt sich nicht mit starren Hierarchien, ausgeprägtem Silodenken, langen Entscheidungswegen und einem Selbstverständnis von Führungskräften, das dem „Idioten-Impuls" folgt, wie es der frühere Vorstandschef der Otto Group, Hans-Otto Schrader, einmal formulierte: „Dass Vorgesetzte beim Zuhören schon zu wissen glauben, dass sie es eigentlich besser wissen." Und er setzte hinzu: „Es geht nicht darum, von unserer Zentrale in Hamburg-Bramfeld eine Botschaft in die Welt zu schicken, sondern einen echten Dialog zu führen."

Und ein dritter Treiber dürfte jene Erkenntnis von Peter Drucker sein, die sich Gesellschafter und Vorstand zu eigen gemacht haben: „Culture eats strategy for breakfast." Die These also, dass für den zukünftigen Erfolg eines Unternehmens die besten Strategien und Konzepte nichts nutzen, wenn die Kultur eines Unternehmens sich nicht entsprechend deutlich verändert. Ein wenig Change tut es eben nicht, es geht um eine unumkehrbare Veränderung von Haltung und Verhaltensweisen aller Kolleginnen und Kollegen.

Ziele des #Kulturwandels 4.0: Freiraum und Selbstbestimmung

Kraftvoll, ja drastisch haben die Vorstände der Otto Group die grundlegende Zielsetzung des Prozesses #Kulturwandel 4.0 untermauert. „Es geht um nicht weniger als darum, die Existenz und nachhaltige Relevanz der Otto Group in zehn oder zwanzig Jahren zu sichern", rief der neue Vorstandsvorsitzende Alexander Birken den Führungskräften zu. Es gehe darum, „gewohnte Verhaltensmuster zu verändern und gegebenenfalls zu zerstören".

Den steigenden Kundenanforderungen, der höheren Komplexität an den Märkten, der zunehmenden Unberechenbarkeit und dem steigenden Kostendruck soll eine Unternehmenskultur entgegengesetzt werden, die

- von einer besseren Aktionsfähigkeit,
- einer größeren Veränderungsfähigkeit,
- einer höheren Geschwindigkeit,
- einem Musterwechsel im Verhalten und
- damit einer besseren Performance geprägt ist.

Als erfolgskritisch wurden vom Vorstand folgende Dimensionen hervorgehoben:

- Kundenperspektive,
- Eigeninitiative und Agilität,
- Vernetzung und Wir-Gefühl,
- Geschwindigkeit und Flexibilität,
- Data Driven,
- Schlagkraft der Gruppe.

Im Kern aber soll es darum gehen, den Kolleginnen und Kollegen mehr Selbstbestimmung und Freiraum für ihr Handeln zu geben und die konzernweite Zusammenarbeit auf allen Ebenen zu fördern.

Das fordert insbesondere die Führungskräfte in den Konzerngesellschaften heraus, traditionelle Führungs- und Zusammenarbeitsmuster nach Control- und Command-Mentalität – wo noch vorhanden – in eine neue Offenheit zu verwandeln. Den damit unvermeidlich verbundenen Kontrollverlust als Gewinn anzunehmen, setzt allerdings die Fähigkeit voraus, sich selbst neu zu definieren und dabei Sorgen und mögliche Ängste auszuhalten und produktiv umzuwandeln.

Eine besondere Herausforderung besteht darin, dass die Otto Group in der Vergangenheit sehr dezentral geführt wurde. Die Kolleginnen und Kollegen in den Konzerngesellschaften beziehen ihre kulturelle Identität aus der Zugehörigkeit zu einer Konzernfirma. Deshalb wurde ausdrücklich nicht als Ziel formuliert, allen Konzerngesellschaften die *eine* Unternehmenskultur aufzuoktroyieren, sondern die Vielfalt der Kulturen zu schätzen und nach verbindenden Elementen zu suchen, die einem Start-up wie Collins ebenso gerecht werden wie auch einem etablierten Unternehmen wie Crate and Barrel in den USA.

Eine weitere Zielsetzung besteht darin, neue Werte in der Unternehmensgruppe zu verbreiten, ohne alte über Bord werfen zu müssen. Die Otto Group hat insbesondere in der Person von Dr. Michael Otto einen Bezugspunkt, der Unternehmenswerte wie den Respekt voreinander und gegenüber der Umwelt wie kein anderer lebt. Diese Werte, auch jene typisch deutscher Tradition wie Mitbestimmung, gewerkschaftliche Partizipation oder Tarifbindung, sollen durch die digitale Transformation nicht falsifiziert, sondern durch weitere Werte ergänzt werden.

Kulturelle Identität und Leitplanken sollen die Otto Group mit all ihrer Verschiedenheit zu einem „Sehnsuchtsort" für Kolleginnen und Kollegen machen, wie es der CEO Alexander Birken formuliert hat.

Prozessarchitektur des #Kulturwandels 4.0: Vom „Du“ zum „Wir“

Die Änderung von Haltung, Verhalten und Umgang mit Kolleginnen und Kollegen ist das schwerste, was einer Organisation abverlangt werden kann. Denn es setzt die Fähigkeit voraus, das bisherige Verhalten und damit sich selbst infrage zu stellen, zuweilen radikal.

Gerade bei familiengeführten oder familiendominierten Gesellschaften mit ihrem auf persönliche Kontinuität bedachten Management stellt dies eine besondere Herausforderung dar. Insofern ist es nicht hoch genug einzuschätzen, wenn die Gesellschafter und der Vorstand im #Kulturwandel 4.0 selbst damit begonnen haben. Für Benjamin Otto als neu hinzugekommenem Gesellschafter und einem der Treiber dieses Prozesses mag es noch einfach sein. Aber auch der langjährige Vorstandsvorsitzende und heutige Aufsichtsratsvorsitzende Dr. Michael Otto wies in seinem Plädoyer für einen grundlegenden Wandel der Unternehmenskultur vorbildlich den Weg zu Selbstreflexion und Selbstkritik.

Auch die Vorstände machten von Beginn des Prozesses an deutlich, dass man einen Kulturwandel nicht verordnen, sondern nur vorleben kann. Sie sprachen sehr offen und öffentlich von der Notwendigkeit, die Zusammenarbeit untereinander zu verbessern und etwaiges Bereichs- oder Silodenken aufzubrechen; diesen Prozess machen sie permanent transparent.

Und ein Weiteres: Wer Kolleginnen und Kollegen Neugierde, gar Lust machen möchte zu Aufbruch und eigener Veränderung, muss dem Top-down- einen Bottom-up-Prozess entgegenstellen. Er muss die Kolleginnen und Kollegen über alle Firmen-, Hierarchie- und Bereichsgrenzen hinweg direkt erreichen und ermuntern wollen. Aus diesem Grund wurde der Prozess des #Kulturwandels 4.0 nicht über die Konzerngesellschaften und Führungskräfte nach unten kaskadiert, sondern alle Kolleginnen und Kollegen wurden von Beginn an aufgefordert, sich aktiv in den Prozess einzubringen. Ganz nach dem Motto: „Du bist der Kulturwandel.“

Das geschah zum einen über ein gemischt zusammengestelltes Kulturwandel-Team, das den Prozess organisatorisch am Laufen hält. Zum anderen wurden von den Vorständen sechs Workstreams definiert und gebildet, an denen sich jeder Kollege und jede Kollegin direkt oder durch Meinungsbeiträge beteiligen konnte. In diesen Workstreams mit Beteiligten aus allen Konzerngesellschaften, Bereichen und Hierarchieebenen wurden zu den Themen #Customer, #Empowerment, #Collaboration, #Speed, #KPI und #Power kollektiv und fachübergreifend Vorschläge erarbeitet, wie Haltung und Verhalten zu ändern ist. Daraus sind eine Vielzahl von konkreten Projekten entstanden. Jeder Vorstand (in einem Fall zwei) hat sich ressortübergreifend dieser Themen als persönlicher Pate und Treiber angenommen.

Diese offene und über alle Firmengrenzen hinwegreichende Prozessarchitektur hat den Vorteil, dass mehrere Hundert Kolleginnen und Kollegen direkt angesprochen, einbezogen und für den Prozess aktiviert werden konnten. Zudem hat der unprätentiöse Austausch zwischen Vorständen und Kolleginnen und Kollegen unterschiedlicher Fachbereiche und Hierarchiestufen zu einem gegenseitig vertieften Verständnis geführt und in die Konzerngesellschaften hineingewirkt. Zuerst nicht explizit adressiert wurden die

Führungskräfte im Konzern und in den Konzerngesellschaften, weder in ihrer Rolle als Fachleute noch in ihrer Rolle als Führungskraft. Das führte zu Irritationen, die im Laufe des Prozesses durch diverse Workshops mit den Führungskräften aufgelöst werden sollten.

Die Geschäftsführer und Führungskräfte der Konzerngesellschaften haben in ihren Gesellschaften diverse Aktivitäten entwickelt, um die Ziele des Kulturwandels für ihre Gesellschaften fruchtbar zu machen. Diese reichen von Kultursteuerrädern bis hin zu Missionsprozessen, von Culture Books bis hin zu „Unplugged"-Veranstaltungen. Aus den Workstreams heraus sind rund 40 Projekte entstanden, die im Kleinen zum Beispiel dazu geführt haben, dass die Transparenz der Vorstandsentscheidungen erhöht wurde, die Anzahl von Richtlinien reduziert und sich die Konzernverantwortlichen intensiver austauschen. Darunter sind aber auch große Projekte wie die Findung eines Leitbilds für die Otto Group. In einem partizipativen Prozess mit 146 Kolleginnen und Kollegen beteiligten sich in 40 Gesellschaften vor Ort über 3000 Mitarbeiter an einer „Entdeckungsreise", die im Laufe dieses Jahres zur Definition eines neuen Leitbilds, einer emotionalen Klammer aller Kolleginnen und Kollegen der Otto Group, führen wird.

Als eine der spannendsten Interventionen innerhalb dieses Kulturwandel-Prozesses darf das „Du" gelten. Von mehreren Kolleginnen und Kollegen angesprochen, wie denn die Vorstände einen Kulturwandel ermöglichen wollen, wenn sie sich selbst mit dem üblichen „Sie" in der Anrede auf Distanz zu den Kolleginnen und Kollegen hielten, überlegten die Vorstände kurz, aber intensiv. Die These: Vom „Du" zum „Wir" zu kommen ist leichter als vom „Sie" zum „Wir". Dann posteten sie kollektiv, sie böten allen Kolleginnen und Kollegen das „Du" an. Ein Angebot, mehr erst einmal nicht. Doch die durchaus positive Wirkung nach innen und später nach außen war enorm groß.

#Interne Kommunikation 4.0: Dialog auf Augenhöhe

Kultur definiert sich über die Qualität von Beziehungen. Diese Beziehungsqualität definiert sich bei genauem Hinsehen über die Qualität der Kommunikation. Betrachtet man das Management eines Unternehmens als eine Integrationsleistung teils disparater Interessen ihrer Mitglieder, um gemeinschaftliches Handeln zu ermöglichen, dann ist dieses Managementhandeln weitgehend kommunikativer Art. Oder um es mit den Worten des CEOs der Otto Group, Alexander Birken, zu sagen: Führung ist Kommunikation.

Informations-und Kommunikationsgewohnheiten haben sich durch den Einfluss von Social Media aber gewandelt. Dialog, Partizipation und das Teilen von Inhalten stehen im Mittelpunkt. Mitarbeiter wollen und sollen sich auch intern einbringen und den Dialog mitgestalten. Die Rolle des internen Kommunikationsmanagements wandelt sich entsprechend. Es geht nur noch selten darum, vorhandene Informationen und Wissensbestände im Unternehmen angemessen zu verteilen, vielmehr stehen die Leistungsfähigkeit formaler und informeller Kommunikationsnetze, die Qualität der Inhalte sowie die Austauschprozesse im Vordergrund. Es geht nicht mehr nur darum, „zu" den Kolleginnen und Kollegen zu sprechen, sondern „mit" ihnen, wie die Kommunikationsprofessorin Claudia Mast treffend formulierte (Mast 2014, S. 1131).

Im Hinblick auf Vertrauen, Glaubwürdigkeit und Nähe, aber auch in Bezug auf die Einflussnahme wird der persönlichen Kommunikation der Führungskräfte große Relevanz zugeschrieben. Dies gilt insbesondere in Zeiten größerer Veränderungen. Neben der Regelkommunikation kommen daher Veranstaltungen in kleineren Runden bis hin zu Town Halls steigende Bedeutung zu. Vor allem aber müssen Führungskräfte Vorbild für die im Unternehmen angestrebten Austauschprozesse sein. Wenn es das Ziel ist, den Austausch zum Beispiel über Intranets zu fördern, müssen Vorstände die Ersten sein, die sich in Frequenz und Qualität daran aktiv beteiligen.

Die Arbeitswelt ist mobil geworden und findet nicht mehr nur in vier Wänden eines Büros statt. Interne Kommunikationsangebote müssen sich optimal in die Lebenswelt der Mitarbeiter einfügen. Interne Kommunikation muss mobil und flexibel sein. Die mit den mobilen Devices verbundene Kommunikationssemantik wird auch hier zum Leitstern. Scroll statt linear, Bild statt Text, Video statt Bild usw. Nicht zu vergessen: Blue Collar Worker müssen erreicht werden.

Und ein Letztes: Mitarbeiter sind intern wie extern mit einem reichhaltigen informellen und formellen Informationsangebot konfrontiert. Die Kolleginnen und Kollegen treffen von daher eine zunehmend harte Auswahl. Im gesellschaftspolitischen Kontext sprechen Soziologen von der verdichteten „Ökonomie der Aufmerksamkeit“ (Franck 1998) oder von „rationaler Ignoranz“ (z. B. Downs 1957). Plakativ gesagt neigen Menschen dazu, lieber eine einfache Wahrheit zu suchen, als sich mit komplizierten Sachverhalten auseinanderzusetzen. Der Aufwand für die Analyse und Lektüre von Informationsangeboten wird dem tatsächlichen Nutzen und der sich daraus ergebenden Veränderungswirksamkeit aus individueller Perspektive gegenübergestellt. Die Relevanz der Inhalte bemisst sich folglich nicht mehr an der Hierarchie des Absenders, sondern an der Nähe zur eigenen Situation und der persönlichen Ansprache. Interne Kommunikation muss vor allem persönlich und relevant sein.

Kommunikation für den #Kulturwandel 4.0: Keine Kampagne

Die oberste Zielsetzung der Kommunikation für den #Kulturwandel 4.0 besteht darin, möglichst viele Kolleginnen und Kollegen zu aktivieren, ihr Wissen, ihre Erfahrungen und Erkenntnisse in den Kulturwandel-Prozess und weit darüber hinaus in alle für sie relevanten Prozesse der Unternehmensgruppe einzubringen.

Bislang geschieht dies in der Otto Group vorwiegend innerhalb der Konzerngesellschaften über persönliche Kanäle und über deren jeweilige Intranets. Analog zur Dezentralität und Identität der Konzerngesellschaften stehen diese Veranstaltungen und Netze zur Information, Kommunikation und Collaboration innerhalb der Unternehmen im Blick der betreffenden Kolleginnen und Kollegen. 2010 wurde eine zentrale Informations- und Vernetzungsplattform des Konzerns, das ottogroupnet, geschaffen, das von der Mehrheit der Konzernfirmen vor allem als Collaboration-Tool genutzt wird.

Das mittelfristige Ziel besteht darin, auch mit den für alle Kolleginnen und Kollegen relevanten Inhalte des #Kulturwandels 4.0 die zentrale Plattform der Otto Group zu beleben. Hierarchie und Status dürfen dabei keine relevanten Filter für den Zugang zu Informationen und zur Partizipation sein.

Damit hat ein Unternehmen die Chance, Agenda Setting auch Bottom-up zu ermöglichen und die Kolleginnen und Kollegen zu aktiven Botschaftern in diesem Fall des #Kulturwandels 4.0 und später zu allen relevanten Themen der Gruppe zu machen. Nach innen und außen.

Die Interne Kommunikation befindet sich in einem Zielkonflikt zwischen dem verständlichen Wunsch des Topmanagements, die wesentlichen Inhalte und Zielsetzungen des #Kulturwandels 4.0 möglichst plakativ, schnell und wirkungsvoll unter alle Kolleginnen und Kollegen zu bringen – und dem Wunsch nach individueller Interaktion und intrinsisch motivierter Teilhabe.

Der #Kulturwandel 4.0 ist bewusst nicht als Projekt mit einem Big Bang, gelackten PowerPoint-Charts und zeitlich definierten Steps geplant, sondern als ein permanenter Prozess, der intrinsisch zu wirken vermag. Konsequenterweise hat die Kommunikation des #Kulturwandels 4.0 auf eine plakative, kampagnenartige Kommunikation bewusst und gänzlich verzichtet. Jede Andeutung von Kampagne wurde peinlich genau vermieden, bislang sogar auf eine Corporate Identity mit entsprechendem Logo.

Stattdessen setzt die Kommunikation des #Kulturwandels 4.0 auf den Versuch, einen wie auch immer gearteten digital vermittelten persönlichen Dialog auf Augenhöhe zu führen oder dazu zu motivieren.

Das fing bereits bei der live übertragenen Eröffnungsveranstaltung an, die zwar eine Push-Veranstaltung war, aber auf den Dialog mit den Protagonisten setzte. Kurze Sidesteps mit Konzerngesellschaften in Deutschland, Österreich, Großbritannien und Russland, bei denen größere oder kleinere Gruppen von Kolleginnen und Kollegen der Veranstaltung via Livestreams folgten, machten den persönlichen und verbindenden Charakter der Kolleginnen und Kollegen untereinander deutlich.

Das zweite wichtige Kommunikationstool ist eine #Kulturwandel 4.0-Plattform, die im ottogroupnet verankert wurde. Darin befinden sich in Text-Bild- und Videoformaten alle relevanten Informationen zum Kulturwandel, zu den Workstreams und zu den Projekten in den Konzerngesellschaften. Wesentlich ist aber, dass sich die Kolleginnen und Kollegen aus dem Konzern vernetzen und mit den Vorständen und anderen Mitarbeitern zu definierten Themen in den Workstreams, den Projekten oder zum Leitbild austauschen.

Ein drittes Kommunikationstool bildet ein wöchentlicher Newsletter, der an über 30.000 nicht-gewerbliche Kolleginnen und Kollegen gemailt wird und auf dem Desktop wie mobile rezipiert werden kann. Darin berichten wiederum persönlich Vorstände, Führungskräfte und Kolleginnen und Kollegen aus den Workstreams und aus den Konzerngesellschaften von ihren Aktionen, Projekten und Erfahrungen. Links führen zu weitergehenden Informationen und Diskussionen auf der Plattform.

Die Kolleginnen und Kollegen in den Callcentern, Auslieferungslagern und in den Stationärgeschäften, die über keinen beruflichen Account erreichbar sind, wurden durch

Sonderformate auf hausinternen Screens und Printmedien der entsprechenden Konzerngesellschaften erreicht.

Persönliche Kommunikationsformate: Bruch mit Traditionen
Eine spannende und zunächst widersprüchliche Erkenntnis der digitalen Transformation ist, dass mit der digital vermittelten Kommunikation der Bedarf an persönlichem Austausch in gleichem Maße zu wachsen scheint. Das gilt für die digitale Welt ebenso wie für die Welt in den Unternehmen.

Der #Kulturwandel 4.0 ist entsprechend geprägt von diversen und mittlerweile nicht mehr zu zählenden persönlichen Austauschformaten, die bei klassischen Workshops beginnen und bei sogenannten „FuckUp Nights", bei denen Führungskräfte von ihren größten Fehlleistungen sprechen, enden. Überrascht hat dabei die Kreativität der Kolleginnen und Kollegen, die von TED-Konferenzen bis hin zu Unplugged- und Open-Space-Formaten die ganze Bandbreite persönlichen Austauschs ausprobieren.

Dieser Bruch mit tradierten Kommunikationsmustern ist ein wichtiges Zeichen für den internen Kulturwandel und hat auch die Vorstände begeistert. Ein Beispiel: Über Jahre sind die Ergebnisse der Vorstandsjahrestagung in einem Town-Hall-Format klassisch frontal „verkündet" worden – mit Fragen aus dem Plenum. Im Frühjahr 2016 ist daraus ein Marktplatz entstanden: In sechs Themenräumen berichteten die Vorstände in zehnminütigen Sessions sechs Mal hintereinander kleineren Gruppen von Kolleginnen und Kollegen, was ihnen wichtig ist – mit anschließenden recht lebhaften Diskussionen. Das Ergebnis: Die Kolleginnen und Kollegen waren begeistert.

Rolle der Kommunikationsexperten: Lustvoller Kontrollverlust
Die skizzierten Veränderungen im Management, in den Prozessen und in der internen Kommunikationslandschaft wandeln nicht nur die Ziele, Konzepte und Maßnahmen der internen Kommunikation, sondern transformieren das Selbstverständnis der Kommunikatoren selbst.

„Wissen ist Macht"-Gehabe, Selbstreferenzialität und One Voice Policies gehören, wo sie denn noch gelebt wurden, der Vergangenheit an. Die von mir bereits im Jahr 2009 formulierte These, den Kontrollverlust der Kommunikationsexperten müsse man nicht erleiden, sondern könne man auch lustvoll gestalten, gewinnt sehr praktische Relevanz.

Denn vorderhand büßen die Kommunikationsexperten in einem Unternehmen mit demokratischeren Strukturen, hoher Transparenz und vielstimmigen öffentlichen Netzwerken Macht und Kontrolle ein. Die zentrale Vermittlung von Themen beschränkt sich auf ein paar strategische und finanzielle News und Toppersonalien. Und natürlich bleibt es wichtig, bedeutende Botschaften des Vorstands zentral zu verbreiten.

Die künftige Rolle der Kommunikationsexperten ist aber eine andere. Er übernimmt neben strategischen Aufgaben die Rolle des Moderators, Partners und Enablers. Kommunikationsplattformen aufzubauen und zu pflegen, Themen zu initiieren, neue Offline-Kommunikationsformate zu entwickeln und Dialoge zu moderieren, das ist die eine Aufgabe. Für das Management ein guter Berater, Partner und Motivator zu sein, die zweite. Und alle Kolleginnen und Kollegen zu befähigen und/oder zu ermuntern, sich aktiv an den Kommunikationsprozessen zu beteiligen, die dritte.

Diese Rollen zu bewältigen, ist nur möglich, wenn man für eine hohe Fachkompetenz steht und damit gefragt ist. Ebenso wichtig ist es, sich auch als Kommunikationsexperte in Demut zu üben. Nur im Verbund mit anderen Fachabteilungen wie IT, Knowledge-Management, Personal, Unternehmens- und Kulturentwicklung wird man optimale Ergebnisse erzielen können.

Der #Kulturwandel 4.0 ist dafür ein beredtes Beispiel. Die Unternehmenskommunikation hat den Prozess von Beginn an intensiv begleitet. Die Kommunikationsstrategie und alle Maßnahmen wurden in stets sehr enger und fruchtbarer Zusammenarbeit mit den Kolleginnen und Kollegen aus der Unternehmensstrategie, dem Knowledge-Management, der Kulturentwicklung und dem Kulturwandel-Team erarbeitet und umgesetzt. Somit haben wir die Ziele des Kulturwandels beim Prozess des #Kulturwandels 4.0 implizit bereits gelebt.

Die Erfahrung meiner Kolleginnen und Kollegen in diesem Prozess ist, dass es uns als Kommunikationsexperten gefragter und geschätzter hat werden lassen. Und dies ist möglicherweise eine generelle Feststellung wert: Die Kommunikationsexperten für Interne Kommunikation werden einen Bedeutungszuwachs erfahren, wenn sie kompetent und vernetzt Vertrauen und Glaubwürdigkeit schaffen.

Zwischenbilanz: Die unerträgliche Schwere des Ungefähren

Für ein Fazit zum #Kulturwandel 4.0 ist es noch zu früh. Nach einem Jahr dieses auf eine lange Zeit angelegten Prozesses lässt sich lediglich festhalten, dass alles und nichts zugleich erreicht wurde.

Auf der Habenseite stehen eine Vielzahl von Prozessen und Projekten, die die Kultur der Otto Group im Kleinen wie im Großen nachgerade sensationell und nachhaltig verändert haben und verändern werden. Rund ein Drittel der Kolleginnen und Kollegen gaben einer Umfrage zufolge an, dass der #Kulturwandel 4.0 in ihrem unmittelbaren Umfeld zu Veränderungen geführt hat. Auf der Sollseite stehen aber zwei Drittel der Kolleginnen und Kollegen, die ihn offenbar noch nicht greifen können.

Kommunikativ werden knapp die Hälfte der 50.000 Kolleginnen und Kollegen kontinuierlich erreicht und es wird hart daran gearbeitet, diese Community weiter zu verbreitern. Aber das eigentliche Ziel, die Kolleginnen und Kollegen auch kommunikativ zu aktivieren, ist noch in weiter Ferne. Offenbar ist die Otto Group für die meisten der Kolleginnen und Kollegen in den Konzernfirmen noch zu wenig fassbar, die aktive Teilhabe über Bereichs- und Firmengrenzen hinweg immer noch ein Akt, der Mut erfordert. Erst mit Fortschreiten des Kulturwandels werden sich diese Sorgen und mögliche Ängste auflösen können.

Die größte Herausforderung in diesem Prozess, der bewusst nicht als Projekt mit einem klar umrissenen Ziel und zeitlich messbaren Ergebnissen angelegt ist, hat der Vorstandsvorsitzende Alexander Birken formuliert. In Anlehnung an Milan Kunderas *Die unerträgliche Leichtigkeit des Seins* hat er von der „unerträglichen Schwere des Ungefähren“

gesprochen. Im besten Fall würden die Veränderungen von den Kolleginnen und Kollegen selbst initiiert und umgesetzt. Sie sind die Veränderung. Den „Raum für temporäre Orientierungslosigkeit“ zu überwinden und die Unsicherheit auszuhalten, brauche Kraft, sei aber eine gute Übung für das, was uns bevorsteht: „das Managen von Unsicherheit ohne Scheinsicherheiten und mit offenem Ausgang.“

5.2 Mythen des Kulturwandels – Wie digitale Transformation wirklich gelingt

Sirka Laudon und Johannes Burr

Fragt man Topmanager, was Veränderungsprozesse verlangsamt und sie oft ganz scheitern lässt, bekommt man zumeist ein resigniertes „Es liegt an der Kultur“ zur Antwort. Die Unternehmenskultur und die Möglichkeit ihrer Wandelbarkeit gelten heute als das ausgemachte Hemmnis, Veränderungsprozesse erfolgreich zu meistern.

Hinter dem ominösen Begriff „Kultur“ verbirgt sich zumeist keine klare Vorstellung. Man kennt eine Start-up-Kultur mit Lust auf die Verschmelzung von Arbeitsplatz und Freundschaftsort, langen Bürotagen, die aber nicht wirklich als Überstunden wahrgenommen werden, sondern eher Feld der Selbstverwirklichung sind, der unternehmerischen Freude über die ersten Erfolge und dem Provisorium von Europalette und Club Mate. Mehr Lebensgefühl als Unternehmenskultur. Kultur ist jedoch mehr als ein Hipster-Gefühl und jenseits der bekannten Insignien dieser Generation verortet. Es ist die Art, wie Menschen im Unternehmen miteinander interagieren, wie Entscheidungen gefällt werden, welche Prioritäten gesetzt werden, wer eingestellt und befördert wird, welche Ergebnisse als Erfolg gefeiert werden.

Hinter jeder Kultur liegen Werte. Werte des Einzelnen, die in der Gesamtheit die Unternehmenswerte ausmachen. Individuelle Werte sind nicht so wandelbar wie oft suggeriert wird. Ob jemand den schnellen Wandel liebt oder auf Beständigkeit setzt, ist Teil seiner Persönlichkeit – ebenso wie Intro- oder Extraversion. Persönlichkeit gilt als äußerst stabil und wenig veränderbar. Ein Traditionsunternehmen, das jahrzehntelang Mitarbeiter rekrutiert hat, die gerade diese Beständigkeit gesucht haben, wird es schwer haben, diese jetzt zu einer Freude am stetigen Wandel und permanenter Transformation zu bewegen. Sie werden irritiert sein, wenn sie in ständiger Transparenz, neuen Teamkonstellationen und an wechselnden Plätzen zusammenarbeiten sollen, und es wird ihnen schlichtweg unmöglich sein, sich dem anzupassen.

Werte sind darüber hinaus stark gesellschaftlich geprägt. Das Silicon Valley ist demnach auch deshalb so erfolgreich, weil hier gesellschaftlich eine Wertehaltung existiert, die mit Aufbruchsstimmung und einem „Nichts ist unmöglich“ der Goldsucher des 18. Jahrhunderts, der Flower-Power-Bewegung der 70er Jahre und einer entspannten Pacific-Sonnenregion verbunden ist. Diese Unbeschwertheit dem Leben gegenüber – gepaart mit Wagemut, einer Stehauf-Mentalität und einem überaus optimistischen Zukunftsglauben – wird von Generation zu Generation weitergegeben und prägt das Wertegerüst dieser Region.

Menschen suchen sich nach ihrer persönlich oder gesellschaftlich verankerten Wertehaltung die Unternehmen, die zu ihnen passen und die ihrer Wertehaltung entsprechen.

Was also hat es mit der verbreiteten Klage „Es liegt an der Kultur" auf sich? Neben fehlender Veränderungsbereitschaft und einer Wertehaltung, die dem Wandel entgegensteht, verhindern häufig falsche Vorstellungen über den kulturellen Wandel selbst ein Gelingen. Wir möchten in unserem Beitrag solche Mythen des Kulturwandels hinterfragen und anhand der praktischen Arbeit bei Axel Springer widerlegen.

Mythos 1: Kultur muss man fühlen, man kann sie nicht beschreiben
Es gibt einen Satz, der diese Haltung umschreibt: „Kultur ist die Musik, zu der jeder tanzt, die aber keiner hört." Hier drückt sich zum einen die ehrfurchtsvolle Haltung zur Unternehmenskultur aus, die eine solche Macht über den Einzelnen besitzt, dass er diese in seinem Verhalten quasi unbewusst übernimmt. Was wir beobachtet haben: Viele Männer legen plötzlich innerhalb kurzer Zeit ihre Krawatten ab, obwohl es nie eine Ansage zu dem neuen Dresscode gegeben hat, oder die Zahl der Homeoffice-Tage nimmt drastisch zu, obwohl es kein offizielles Programm aus dem Personalbereich dazu gibt. Ist es tatsächlich aber der effektivste Weg, Kultur sich einfach „selbst zu überlassen" und darauf zu hoffen, dass sie sich schon in die richtige Richtung entwickeln möge? Wir glauben nicht.

Beim Umbau des Unternehmens Axel Springer hin zu einem digitalen Verlag wurde schnell deutlich, dass nicht allein das Geschäftsmodell sich verändern muss, sondern darüber hinaus auch die Art der Zusammenarbeit, der Führung, der Kommunikation zwischen den Bereichen.

Angestrebt wurde: Prozesse werden transparenter, Silodenken wird aufgebrochen, die Mitarbeiter vernetzen sich miteinander. Unter dem Arbeitstitel „Vorstands-Commitment" haben wir dann tatsächlich die Dimensionen der angestrebten Kulturveränderung explizit aufgeschrieben und mit dem Vorstand und anderen Stakeholdern diskutiert.

Das hatte den Vorteil, dass ein implizites „Bauchgefühl" plötzlich einen konkreten, in bestimmten Verhaltensdimensionen klar benennbaren, expliziten Rahmen bekam, auf den jeder fortan Bezug nehmen konnte. Man hatte das unklare Gefühl benannt und sich auf einen Zielzustand geeinigt, auf den alle Maßnahmen fortan einzahlen sollten. Erst später merkten wir, wie wichtig dieser erste Schritt war, weil er uns auf Kurs hielt, auch dann, wenn andere Aspekte plötzlich ähnlich wichtig oder neue Begriffe und Trends plötzlich im Raum waren.

Am Beispiel der Dimension „Zusammen Arbeiten – Wir fördern eine Kultur der Vernetzung" sei das kurz skizziert. Unterpunkte waren hier:

- Wir fördern, dass sich jeder Mitarbeiter mit seinem Wissen einbringen kann – egal, auf welcher hierarchischen Ebene er sich befindet.

Abb. 5.1 Klarheit über die angestrebten kulturellen Unternehmenswerte. (Quelle: Axel Springer SE)

- Teams arbeiten bereichsübergreifend zusammen. Es zählt der Nutzen für das Gesamtunternehmen und nicht der eigene Vorteil.
- Wir fördern das Teilen von Wissen und den „Mut zur Lücke“. Auch in unfertigen Ergebnissen wird schon das Potenzial der großen Lösung erkannt.

Auch ein anderer Aspekt kam hinzu: Wir konnten jeder Dimension verschiedene Verhaltensanker zuordnen, die auf sie einzahlen, und entsprechende Maßnahmen dazu definieren. Auch so etwas wie eine Checkliste für bereits existierende Maßnahmen entstand, die zu einer Weiterentwicklung derselben führte.

Aus diesem „Vorstands-Commitment“ und anderen Dimensionen ergab sich ein eher operatives Zielbild für alle Veränderungstreiber im Unternehmen. Sobald Klarheit darüber herrschte, welche Faktoren die angestrebte Unternehmenskultur ausmachen sollten, konnte der Veränderungsprozess gestartet werden (siehe Abb. 5.1).

Dieses klare Zielbild ist quasi eine gedankliche Checkliste, die alle Maßnahmen, Formate, Kommunikationsmaterialien dahin gehend bewertet, ob sie diese Facetten glaubhaft, ansteckend, leidenschaftlich und authentisch umsetzt. Man stellt die kulturellen Werte nicht in den Vordergrund, sondern lebt sie.

Unsere bestehenden Maßnahmen überprüften wir kritisch hinsichtlich:

- **Möglichkeiten, sich zu vernetzen:** Ob nun durch Namensschilder, Kaffee zum Abschluss, lockere, informelle Atmosphäre, Extra-Pausen oder die explizite Aufforderung, auf unbekannte Kollegen zuzugehen – wichtig ist: Es passiert nicht von allein, dass fremde Menschen sich in einer Veranstaltung kennenlernen.
- **„Mut zur Skizze":** Wie können wir in unseren Veranstaltungen das Unfertige, Skizzenhafte, den Work-in-Progress-Charme betonen, um den Perfektionismusanspruch Vergangenheit werden zu lassen? Dazu haben wir unsere Anmeldeszenarien umgestellt und darauf zum größten Teil ganz verzichtet, gemäß dem Motto „first come, first served". Alles, was uns schneller macht und die Prozesse unkomplizierter, ist hier willkommen.
- **Bottom-up-Prozesse:** Welche Hürden hindern den Einzelnen, an der Veranstaltung teilzunehmen? Wie können diese überwunden werden? So starten die Veranstaltungen zu verschiedenen Tageszeiten früh/mittags/abends, es braucht keine Zustimmung von Vorgesetzten, die Veranstaltungen sind häufig sehr kurz – z. B. 45 min, Konferenztage werden modulartig angeboten –, somit kann jeder den ihn interessierenden Slot unkompliziert besuchen. Darüber hinaus ist die Teilnahme vom Arbeitsplatz aus über Lync oder per Skype möglich. Neben diesen formalen Aspekten setzen wir methodisch stark auf Interaktion und eine hierarchieunabhängige Agenda-Gestaltung: Den Vortrag hält der Experte, auch wenn sein Vorgesetzter sich selbst gern auf der Bühne sähe. So geben wir jedem eine Stimme und die Möglichkeit sich einzubringen. Es liegt also in der Verantwortung des Einzelnen, von dieser Möglichkeit Gebrauch zu machen.

Mythos 2: Kultur lässt sich nur Top-down verändern

Der Einfluss des Topmanagements auf den Kulturwandel ist nicht zu unterschätzen – jedoch reicht allein der Wille des Topmanagements nicht aus, um einen Kulturwandel voranzutreiben. Axel Springer hat das Glück, mit Mathias Döpfner einen CEO zu haben, der die Werte eines digitalen Verlagshauses in seiner Person verkörpert kreativ, unkonventionell, modern, digital versiert. Auf der Management-Tagung sind die Teilnehmer überrascht, dass sein schwarzer Anzug innen mit dem Camouflage-Futter den eher konventionellen Auftritt subversiv unterläuft. Bei der Firmenweihnachtsfeier freuen sich die über 4000 Mitarbeiter, dass er spontan die Parole ausruft, dass diejenigen, die mit ihm bis nach 3.00 Uhr noch feiern, am nächsten Tag zu Hause bleiben dürfen. Nicht wenige Mitarbeiter haben davon Gebrauch gemacht und haben bei Technomusik mit den ausgelassenen Kollegen dem Motto „work hard – play hard" gehuldigt. Solche authentischen Erlebnisse mit dem Topmanagement sind für einen Kulturwandel unerlässlich – dennoch dürfen diese nicht im Kontrast zu der alltäglichen Realität stehen. Wie unkompliziert erlebt man sonst das Management, die Prozesse im engsten Arbeitsumfeld, das Unternehmen in seinen zahlreichen Facetten?

Ein Kulturwandel braucht ein authentisches Vorleben im Topmanagement, aber darüber hinaus ist es unerlässlich, dass die Mitarbeiter die Veränderungen und die Kultur in ihrem unmittelbaren Arbeitsalltag erleben. Das Management gibt lediglich Anstöße und Ziele vor, jedoch werden diese im täglichen Umfeld mit Erlebnissen gefüllt. Und überraschend ist, dass den wirksamsten Impact solche Bereiche haben können, die man am allerwenigsten mit Kulturveränderung und Change-Management zusammenbringen würde – der Empfang, die Kantine, der Post- und Warendienst.

Dass Kultur von den Dingen geprägt wird, mit denen jeder Mitarbeiter tagtäglich Berührung hat, kann man bei Axel Springer hervorragend am Beispiel des Gastronomieanbieters PACE sehen – einer hundertprozentigen Gesellschaft der Axel Springer SE. PACE verantwortet Mittagsrestaurants sowie Bistros und ist gleichzeitig ein Eventdienstleister. Wie innovativ man in solch einem Umfeld arbeiten kann, ist beispielhaft und wurde schon mehrfach ausgezeichnet.

So ist schon fast selbstverständlich, dass die Angebote die Trends der Berliner Food-Szene aufnehmen: Burger, vegane Gerichte, Erdbeeren mit grünem Pfeffer und Pulled Pork. Auch beim Catering der Meetings und Veranstaltungen im eigens konzipierten Axel Springer Penthouse steht schon längst Club Mate neben Currywurst und Salat in Weckgläsern auf dem Tisch.

Darüber hinaus ist die Bezahlung selbstredend bargeldlos: Vom per PayPal automatisch aufladbaren Guthaben bis hin zu Tests mit Bitcoins oder Bezahlung per Handy – hier werden technisch neue Möglichkeiten sofort umgesetzt und ins Unternehmen gebracht. Dieser Bereich tut viel dafür, dass die digitale Kompetenz und Technikaffinität jedes Mitarbeiters durch speziell zugeschnittene Angebote gefördert werden: das iPad-Gericht der Woche, das über demokratische und technisch unterstützte Abstimmungsprozesse gewählt wird; die kabellose Handyladestation auf einer Europalette; das über iPad steuerbare Ambient-Light-System in Konferenzbereichen; ein mobiles Bonussystem, das den regelmäßigen Kauf von Heißgetränken belohnt.

Aber die Impulse dieses Bereichs in das Unternehmensgeschehen gehen noch weiter: So werden Konferenzbereiche mit UX-Technik ausgestattet, spezielle Kreativräume geschaffen und eine Design-Thinking-Ausstattung als Selbstverständlichkeit bei Meetings bereitgestellt.

Um Mitarbeiter aus unterschiedlichen Bereichen und Tochtergesellschaften regelmäßig zusammenzubringen, setzt PACE auch neue Veranstaltungsformate in ungewöhnlichen Locations um. Partys finden dann wie selbstverständlich in der Tiefgarage statt und beim Talkformat Pizza Connection sitzen die Gäste bei einem Stück heißer Pizza in der Veranstaltungsküche. Kulturwandel und Transformation werden auf diese Weise einfach in den Bürotag integriert.

Ein Umfeld wie es hier die Mitarbeiter tagtäglich erleben, ist konsistent und authentisch zu der strategischen Ausrichtung des Unternehmens (siehe Tab. 5.1).

Tab. 5.1 Innovationstreiber im täglichen Alltag: Von der Kantine zum digitalen Erlebnis

Angebot	Spezielle Foodtrends schnell aufgreifen, Starköche kochen für Mitarbeiter
Bezahlsysteme	PayPal-System – inkl. automatisches Aufladen des Guthabens, Bitcoin-Bezahlsystem, digitales Bonuspunkte-System
Aktionen	Kochtüte mit den Zutaten für das Zuhause-Kochen, iPad-Wunschgericht der Woche
Interieur	Ambient-Light-System, Kreidewand, Shabby-Chick-Konferenz-Area, kabellose Handyladestation
Spezielle Angebote	Mobiles Bonussystem beim Kauf von Heißgetränken, User-Experience-Labor

Mythos 3: Kultur lässt sich durch „Kulturinitiativen" verändern
Sobald man der Unternehmenskultur etwas „Projektartiges" anheftet und sie etwa in diversen „Kulturinitiativen" wandeln möchte, nimmt man ihr ihre eigentliche Bedeutung. Unternehmenskultur ist vielmehr ein essenzieller Bestandteil der Organisation, in den Unternehmensalltag integriert und insofern immer vorhanden, genauso wie z. B. ‚die Finanzlage' eines Unternehmens. Auch diese ist nicht ständig in Projekten auf dem Prüfstand, sondern wird permanent gemonitort.

Kultur ist ein langfristiges Investment. Das Wissen um die angestrebte Unternehmenskultur muss in alle Formate und Konzepte für die Mitarbeiter einfließen. So kann der „neue Geist" transportiert und erlebbar gemacht werden. Dies geschieht weniger, indem man diesen plump benennt (z. B. „Tag der Wertschätzung"), sondern indem das erwünschte Gefühl, die angestrebte Haltung (z. B. „wir gehen wertschätzend miteinander um") transportiert wird. Dafür ist ein Umdenken in HR erforderlich.

Das fängt bei der Kommunikation an – z. B. bei der Gestaltung von Informationsmaterialien: Dort haben wir konsequent die Gestaltungsrichtlinien und das visuelle Bild der Employer Brand in alle internen Kommunikationsmittel verlängert: Überall dort, wo der Arbeitgeber zu zukünftigen oder aktuellen Mitarbeitern spricht, soll die definierte Unternehmenswelt visuell erlebbar sein. Handgeschriebene Flipcharts oder braune Pinnwandboards werden weitgehend vermieden, stattdessen umweht die Veranstaltungen der frische Wind einer modernen Axel-Springer-Arbeitgeberwelt (siehe Abb. 5.2).

Nicht zuletzt ist aber entscheidend, dass die Formate selbst dazu beitragen, dass die fachlichen und sozialen bzw. kulturellen Kompetenzen gleichermaßen erworben werden. Bei der Durchführung von Qualifizierungsveranstaltungen wird das z. B. spürbar: Widersprüchlich wäre es, einerseits Fehlerkultur, Bottom-up-Strukturen, Prototyp-Herangehensweise zu fordern und dann andererseits die Mitarbeiter minutiös geplante Veranstaltungen, auf denen immer die gleichen Topmanager auf der Bühne stehen, erleben zu lassen. Ebenso wenig wird Flexibilität Teil der Unternehmenswirklichkeit werden, wenn die Mitarbeiter sich durch bürokratische Anmeldeprozesse quälen müssen, die jegliche Spontanität unterlaufen. Den Formaten, zu denen wir einladen, haftet deshalb bewusst etwas „Hemdsärmeliges" an in dem Sinne, dass z. B. die Teilnehmer nur einen

Abb. 5.2 Agile Arbeitsweise in der Personalentwicklung: Prototyp und schnelles Feedback. (Quelle: Axel Springer SE)

Stehplatz ergattern oder dass man sich mit Getränken aus dem bereitgestellten Kühlschrank eigenständig bedient.

Bei Axel Springer haben wir mit „move“ eine kommunikative Klammer entwickelt, die alle Formate, Maßnahmen und Angebote bündelt, die sich mit Zukunftsthemen der digitalen Welt beschäftigen und dabei den Aspekt der Vernetzung bei gleichzeitiger Wissensvermittlung in den Vordergrund stellen. Dabei wurde „move“ mit dem Unterclaim „Dialog. Wissen. Machen.“ versehen und dementsprechend lassen sich die Formate unterteilen in Angebote, die

1. dem Aufbau und der Vertiefung von Wissen dienen,
2. Vernetzung und Austausch fördern und
3. Teilnehmer aktivieren und in die Umsetzung bringen.

Zu der **ersten Gruppe** der **Wissensformate** gehören unter anderem der „Learning Lunch“, das „Media Powerhouse“ und der „Buzzword Decoder“.

- **Der „Learning Lunch" – Wissensimpulse in der Mittagspause**
  Einmal im Monat gibt es im größten Konferenzraum des Unternehmens Wissensvermittlung zu digitalen Themen während der Mittagspause in Form eines Expertenvortrags. Bis zu 200 Mitarbeiter „investieren" ihre Mittagspause und erhalten im Gegenzug „Nahrung" für Bauch und Kopf. Ganz unkompliziert. Keine Anmeldung erforderlich. Einfach vorbeikommen und dann Lunchbag und Impulsvortrag greifen. Unsere Feedbackterminals bescheinigten der Formatreihe im Schnitt eine Weiterempfehlungsrate von über 90 %. Die Vorträge werden aufgezeichnet und stehen anschließend im Archivbereich des Intranets zum Abruf zur Verfügung.
- **Das „Media Powerhouse" – Die Konferenz der internen Experten**
  Für das aus über 200 starken Marken bestehende digitale Medienhaus Axel Springer arbeiten viele exzellente Digitalexperten. Beim „Media Powerhouse", der Fachkonferenz der internen Experten, teilen diese internen Referenten aus den unterschiedlichsten Bereichen der gesamten „Axel-Springer-Familie" in kurzen Impulsvorträgen ihr Expertenwissen auf den Gebieten crossmedialer Journalismus, Social Media, Online-Marketing, Gründertum, Innovation und Ähnlichem mit allen interessierten Mitarbeitern.

  Die Konferenz findet zweimal im Jahr mit jeweils zehn unterschiedlichen Beiträgen statt und wird eröffnet durch den Beitrag eines Vorstandsmitglieds. Die Atmosphäre ist locker und wer will, macht es sich zum Beispiel im Strandliegestuhl bequem. Eine Anmeldung oder Registrierung ist nicht erforderlich. Die Kollegen kommen und gehen so, wie es sich mit dem Arbeitstag am besten vereinbaren lässt. Alle Vorträge werden darüber hinaus an alle Axel-Springer-Arbeitsplätze gestreamt, sodass alle Kollegen an den unterschiedlichen Unternehmensstandorten teilnehmen können. Mittels eines Moderationsteams können auch über die Distanz live Fragen an den Referenten gestellt werden.

  Die Experten reichen ihr Wissen weiter und werden ihrerseits im Haus als Wissensträger für bestimmte Themen im Unternehmen sichtbar. Dieses fördert den Austausch über Marken- und Bereichsgrenzen hinaus und bricht mit womöglich bestehendem Silodenken.
- **Der „Buzzword Decoder" – Kurze Erklärfilme zu Schlagwörtern der Digitalisierung**
  Wichtige Schlagwörter der Digitalisierung sind schnell in aller Munde und man begegnet ihnen an jedem Konferenztisch. Die exakte Bedeutung dieser Begriffe bleibt jedoch oft unklar und Mitarbeiter haben oftmals eine Scheu nachzufragen. Die Erklärfilmreihe „Buzzword Decoder" schafft einen flächendeckenden Wissensgrundstock über die digitale Medienwelt. Die Kurzfilme erklären die wichtigsten Begriffe humorvoll, aber dennoch mit didaktischem Anspruch.

Die **zweite Formatgruppe** bilden die **Dialogformate** „Early Bird Café", „Pizza Connection" und „Best Practice Club". Zeitgemäße Mitarbeiterqualifizierung fokussiert auf die Schaffung eines Arbeitsumfeldes, das gekennzeichnet ist durch

1. Inklusion,
2. Vernetzung,
3. Zusammenarbeit,
4. Unterstützung,

da alle vier Punkte vom menschlichen Gehirn als etwas Positives, als etwas Belohnendes empfunden werden.

- **Das „Early Bird Café" – Der Netzwerk-Kickstart vor der Arbeit**
  Alle zwei Monate wird zum „Speed-Networking" vor der Arbeit eingeladen. In lockerer Atmosphäre können sich Kollegen aus den unterschiedlichsten Fachbereichen und Marken kennenlernen und im Dialog Kontakte knüpfen. „Seit wann bist Du bei Axel Springer?" „An welchem Projekt arbeitest Du gerade?" „Können wir uns womöglich gegenseitig weiterhelfen?" Dies alles bei einem leckeren Frühstück – so lässt sich mal ganz anders in den Arbeitstag starten. Mithilfe dieses Formats wird ein Grundstein für transparente und bereichsübergreifende Zusammenarbeit gelegt.
- **Die „Pizza Connection" – Die etwas andere Talkrunde in der Mittagspause**
  Nichts passt besser zu einem Medienhaus als ein journalistisch geprägtes Talkformat mit spannenden Gästen, kontrovers diskutierten Themen und guter Moderation. Bei diesem Format diskutiert ein Podium, bestehend aus internen und externen Experten, in ungezwungener Atmosphäre bei Pizza und Softdrinks über ein gesellschaftlich relevantes Thema und wie dieses durch den technologischen Fortschritt und das Internet eine dynamische Veränderung erfährt (siehe Abb. 5.3). Beispielsweise sprechen der Chefredakteur des *Rolling Stone* mit der Plattenmanagerin von Depeche Mode über die Zukunft der Musik oder der *BILD* Sport-Chef gemeinsam mit der BVB-Stürmerlegende und Webradiomoderator Norbert Dickel über die Zukunft des Fußballs. Was verändert sich hier konkret aufgrund des technischen Fortschrittes? Welche Chancen ergeben sich durch das Internet? Was bedeutet dies für den Journalismus?
- **Die „Best Practice Clubs" – Wichtige Themen brauchen ein starkes Expertennetzwerk**
  Nur wenn die Mitglieder eigenverantwortlich initiativ werden und sich selbst steuern, entstehen kleingliedrige, nach dem Prinzip von Netzwerken gebildete Organisationen mit flachen Hierarchien. Mittels der sogenannten „Best Practice Clubs" fördert „move" die bereichsübergreifende Zusammenarbeit. Zu bestimmten Fachthemen tauschen sich die Experten der Fachbereiche und Marken untereinander aus und vernetzen sich. Ziel ist es, das Wissen im Unternehmen vielen Mitarbeitern zugänglich zu machen und voneinander zu profitieren – Beispielthemen sind unter anderem agile Arbeitsweisen (Scrum, Kanban), Online-Marketing, Business Intelligence, Web Development, HR & Recruiting und vieles mehr.

Abb. 5.3 Talkrunde „Pizza Connection“. (Quelle: Axel Springer SE)

Die „Best Practice Clubs“ bringen Fachbereiche und Gesellschaften zusammen und geben wichtigen Themen Sichtbarkeit. Der kollegiale Fachaustausch hilft bei Problemlösungen und motiviert die Experten. Gleichzeitig sind die „Best Practice Clubs“ für die HR-Bereiche eine große Unterstützung, um Qualifizierungsbedarf abzufragen und gemeinsam Schulungskonzepte zu erarbeiten.

Beispiel für ein **Aktivierungsformat**, welches die Teilnehmer vorantreibt und in die Umsetzungsphase bringt, ist der „Talente Campus“.

- **Der „Talente Campus“ – Das Netzwerk der motivierten Gestalter**
  Hier treffen über 100 motivierte Kollegen aus den Bereichen IT, Journalismus und Business auf Führungskräfte und deren Projektideen. Die Führungskräfte pitchen ihr Projekt und „buhlen“ um das Interesse der jungen Gestalter. Die teilnehmenden Talente wiederum dürfen einen Teil ihrer Arbeitszeit auf das „Talente Campus“-Projekt verwenden. Neben den Projektergebnissen entsteht so auch ein Netzwerk, welches das Unternehmen verändern kann.

  Das Konzept stellt tradierte Konventionen auf den Kopf, da hier die Führungskraft junge Kollegen für die Mitarbeit am Projekt „gewinnen“ muss und im Gegenzug ein hoch motiviertes, interdisziplinäres Team bekommt. Dieses wiederum kann über den eigenen Tellerrand hinausschauen und neue Erfahrungen sammeln.

Mythos 4: Man muss alle Mitarbeiter auf den neuen Weg mitnehmen

Typischerweise werden in der Fachliteratur beim Wandlungsmanagement die Mitarbeiter eines Veränderungsprozesses entlang ihrer persönlichen Einstellungen und Verhaltensweisen unterschieden und dementsprechend anhand ihrer jeweiligen Einstellungs- und Verhaltensakzeptanz in vier Gruppen eingeteilt (vgl. Stahl 2014, S. 151 ff.).

Während der sog. Promoter (= positive Einstellung und aktive, sprich positive Wandlungsbereitschaft) proaktiv am Wandel teilnimmt und den Veränderungsprozess mit besonderem Engagement fördert, befindet sich der sog. Opponent (= negative Einstellung und ablehnendes, sprich negatives Verhalten) im Zustand der offenen Verweigerung oder leistet gar aktiven Widerstand. In den Zwischenformen lässt sich schließlich der verdeckte Opponent (= trotz negativer Einstellungsakzeptanz zeigt dieser wenigstens positives Verhalten) und der potenzielle Promotor (zeichnet sich zwar durch eine positive Einstellungsakzeptanz aus, wirkt aber gleichzeitig durch seine negative Verhaltensakzeptanz extrem bremsend auf den Wandlungsfortschritt) unterscheiden. Insofern fallen – aufgrund ihrer jeweils negativen Verhaltensakzeptanz – die Opponenten und die potenziellen Promotoren in das Lager der (mehr oder weniger überzeugten) Blockierer. In der Literatur geht man davon aus, dass üblicherweise etwa 40 % einer Mitarbeiterschaft in das Lager der Blockierer der Veränderung gezählt werden müssen (so auch Houben et al. 2008, S. 7). Es sind diese Gegner der Veränderung, die auf ihre Chance warten, um Lücken in der Veränderungskoalition zu entdecken und Felder zu identifizieren, in denen der Transformationsprozess ins Stocken gerät.

Vor diesem Hintergrund ist es erstaunlich, dass im Rahmen von Change-Initiativen vielfach davon die Rede ist, man müsse „alle Mitarbeiter auf den neuen Weg mitnehmen“ oder „alle Betroffenen müssten zu Beteiligten gemacht werden“ und allen sollte gar „der rote Teppich ausgerollt werden“. Ist das so? Kann dies zielführend sein? Gibt es ein „one size fits all“ im Change-Management? Oder empfiehlt es sich nicht doch, auf einige der vier oben beschriebenen Gruppierungen zu fokussieren (siehe Abb. 5.4)? Und wenn dem so ist, mit welcher der vier Gruppen empfiehlt es sich zu beginnen?

Auch zu Beginn der „move“ Aktivitäten stellte sich die Frage, auf welche Zielgruppe die Fokussierung der ersten Maßnahmen erfolgen sollte. Wo erschien der Ansatz am vielversprechendsten? Welcher Ansatz versprach die beste Nutzen-Aufwand-Relation? Und vor allem: Welcher Ansatz hätte wiederum welche Wirkung auf die Gesamtmitarbeiterschaft?

Sehr wenig Sinn hätte es gemacht, am Anfang zu viel Energie darauf zu verwenden, die Opponenten um jeden Preis für die Veränderung gewinnen zu wollen. Auch bei den potenziellen Promotoren hätten Aufwand und Nutzen in keinerlei rational vertretbarem Verhältnis gestanden. Außerdem wäre womöglich ein katastrophales Signal an die wichtige Gruppe der Promotoren gesendet worden, wenn man sich mit der neuen Initiative ausgerechnet an die Kollegen intensiv gewandt hätte, die sich mit ihrer ablehnenden Haltung und ihrer negativen Verhaltensakzeptanz hervortun. Hätte dies bei den Unterstützern des Wandels nicht berechtigterweise folgende Fragen provoziert: „Ich bin dem Wandel doch bereits positiv aufgeschossen! Ja, ich will dieses Unternehmen voranbringen und

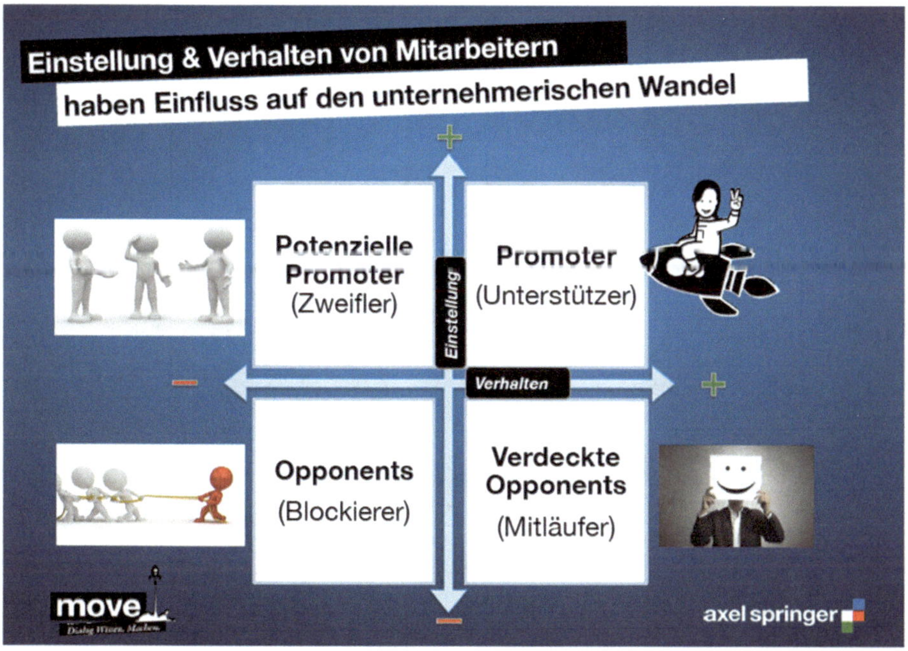

Abb. 5.4 Zielgruppenfokussierung. Einstellung und Verhalten von Mitarbeitern haben Einfluss auf den unternehmerischen Wandel – Unterteilung in Unterstützer, Mitläufer, Zweifler und Blockierer. (Quelle: Axel Springer SE)

im Sinne des ausgerufenen Wandels gestalten! Warum schenkt ihr dann aber all eure Aufmerksamkeit denen, die genau dies anders sehen?"

Stattdessen reifte sehr schnell die Überzeugung dafür, die Unterstützer intensiv anzusprechen und zu stärken, um mit deren Hilfe

- die potenziellen Promotoren zu mobilisieren,
- die verbleibenden Blockierer = Opponenten in ihrem Einfluss so weit wie möglich zu „neutralisieren",
- die ersten Erfolge der Initiative zu erzielen, um die verdeckten Opponenten an Bord zu behalten.

Die positive Energie der startenden Aktivitäten soll dabei auf die „Mitläufer" abstrahlen und deren Sicherheitsbedürfnis und deren Wunsch nach sozialen Aspekten ansprechen. Mittels dieser ersten Erfolge können die bestehenden Befürchtungen als unbegründet entkräftet werden und gleichzeitig helfen die gemachten Erfahrungen dabei, die ursprünglich negative Einstellung abzubauen.

Abb. 5.5 Vernetzung beim „Early Bird Café". (Quelle: Axel Springer SE)

Am Ende ermöglicht dieses Explizitmachen von kulturellen Zielzuständen uns auch, die Kulturveränderungen zu messen. Wir setzen dazu ganz unprätentiös die „Happy-or-not"-Umfrage mit dem entsprechenden Tool ein – einem simplen Aufsteller, der mit verschiedenfarbigen Smileys den Zustimmungsgrad abfragt. Die Teilnehmer drücken einfach einen Button am Ende der Veranstaltung, wenn sie dem Gerät in der Kantine oder an irgendeinem Platz im Haus begegnen. Das hier aufgeführte Beispielziel „Vernetzung fördern" (siehe Abb. 5.5) haben wir mit der Aussage „Bereichsübergreifender Austausch – das wird hier gelebt" gemessen. Im Zeitverlauf sind so Veränderungstendenzen ablesbar.

Nur wenn der Zielzustand klar ist und ein explizites Bild darüber herrscht, welche Werte man implementieren möchte, können zielgerichtete Maßnahmen daraufhin abgeleitet werden. Ansonsten ist die Gefahr zu groß, dass man sich verzettelt oder zukunftsweisende Ideen aus dem gegenwärtigen Status quo bewertet und ihr Potenzial zur Veränderung unterschätzt.

Mythos 5: Ein Ideenmanagement befördert die Innovationskultur

Wie gehen Unternehmen mit Ideen um? Viele Unternehmen glauben, ein Ideenmanagement, welches das Einreichen von innovativen Geschäftsideen oder Verbesserungsvorschlägen incentiviert, fördere eine Innovationskultur. Oft ist das Gegenteil der Fall: Dieses System kann dazu führen, dass es nicht mehr als selbstverständlich empfunden wird, seinen Arbeitsplatz immer ideenreicher zu gestalten und Innovation als eine normale Aufgabe im Tagesablauf zu begreifen. Wenn jede Idee als eine monetär zu bewertende Größe gehandhabt wird, kann das unter Umständen dazu führen, dass man ein Selbstverständnis der Organisation in puncto Innovationskultur komplett subvertiert. Die Erziehungswissenschaft hat es belegt: Bekommt ein Kind jedes Mal einen Euro dafür, wenn es den Müll rausträgt, wird es das nicht mehr ohne diesen Anreiz machen. Die Menschen gewöhnen sich an Belohnungen und knüpfen daran ein bestimmtes Verhalten. Übertragen auf die Unternehmen bedeutet das: Ideen „schmoren" in Bewertungskaskaden des Ideenmanagements und Mitarbeiter warten auf die Belohnung, anstatt im normalen Joballtag ihre Ideen ganz selbstverständlich umzusetzen.

Im Gegenteil dazu ist in einem innovativen Unternehmen die Kultur des Teilens ein starker Treiber von neuen Ideen. Es ist verblüffend zu sehen, wie im Silicon Valley eine Geschäftsidee schon dann mit den Konkurrenten besprochen wird, wenn sie noch im groben Anfangsstadium ist. Hat man keine Angst, dass die Kollegen einem diese Idee wegschnappen? Im Gegenteil: Das Feedback, das man in diesem Stadium von seinen Kollegen bekommt, ist extrem hilfreich und treibt die Idee in ihrer Qualität voran. Man sieht dies eher als einen Treiber der Idee. Die Idee wird durch den kritischen Blick so vorangebracht, dass sie sich gar nicht in der selbstgefälligen Perspektive des eigenen Unternehmens ausruhen kann, sondern durch die Perspektive von außen erst an Form gewinnt.

Wie fördern wir bei Axel Springer die Innovationskultur? Drei Akzente sind dabei von Bedeutung:

1. Es wird vorausgesetzt, dass jeder Ideen hat, die darauf warten, verwirklicht zu werden.
2. Es werden Anlässe und Plattformen geschaffen, wo die Ideen mit anderen besprochen und geteilt werden.
3. Ideen werden als ein Gut gesehen, das „nachwächst" und sich niemals erschöpft, das geschliffen und veredelt werden muss.

Ein illustrierendes Beispiel für ein Format der Personalentwicklung ist die „Ideenschmiede". Hier werden fünf bis sechs Führungskräfte eingeladen mit dem Auftrag, fünf Mitarbeiter mitzubringen sowie ein „Problem", das schon länger in der Schublade liegt und auf frische Ideen und neue Perspektiven wartet. In der Veranstaltung selbst werden die Teilnehmer bunt gemischt und jeweils einer Führungskraft in der Zusammenarbeit zugeordnet. Die heterogenen Gruppen arbeiten nun an den Fragestellungen. Im Anschluss werden die Ergebnisse den anderen Teilnehmern präsentiert. Dieser erste „Aufschlag" zu dem Thema wird in einem Folgetermin vertieft, sodass in einigen Fällen bereits konkrete Projekte realisiert werden konnten.

In erster Linie wurde die „Ideenschmiede" als ein Instrument konzipiert, das die horizontale Mitarbeiterentwicklung fördert, indem es Möglichkeiten zur Vernetzung bietet und den Teilnehmern erlebbar macht, dass ihr Können an vielen Stellen im Unternehmen gewinnbringend eingesetzt werden kann. Zusätzlich macht das Format die Haltung des Unternehmens gegenüber Innovationen deutlich: Es wird davon ausgegangen, dass jeder viele Ideen in der Schublade hat, die er noch nicht verwirklichen konnte. Es wird erwartet, dass fachbereichsübergreifend Lösungen, Best Practices, fachliche Anregungen geteilt werden. Es zeigt auch eine Kultur, in der nicht jede Idee unbedingt realisiert werden muss – sondern in ihrer Machbarkeit, ihrem Nutzen, ihrer Passfähigkeit zum Unternehmen kritisch bewertet wird. Auch das ist ein Learning, das wir aus manchen Seminaren oder Workshops mitgenommen haben: Der hohe Stellenwert, den das Thema Innovation in einem Unternehmen hat, darf nicht dazu führen, dass jede Idee unbedingt verwirklicht werden muss. Frustrationen oder Enttäuschungen, die in diesem Rahmen auch auftreten, sind ein Teil des Wegs zum innovativen Unternehmen. Nur die Ideen, die wirklich das Potenzial haben, richtungsweisend zu sein, werden es auch automatisch schaffen, dass sie realisiert werden.

Fazit

Mit den genannten Beispielen des kulturellen Wandels bei Axel Springer haben wir schlaglichtartig aufgezeigt, welchen Mythen wir versucht haben, nicht zu erliegen. Ergänzt um weitere Faktoren, die ebenfalls einen erheblichen Einfluss auf den Wandel haben, ergeben sich die folgenden zehn Schritte zur Ausrichtung der Unternehmenskultur:

1. Klarheit über die existierende Kultur und die anzustrebende Zielkultur,
2. Analyse der Abweichungen zu der angestrebten Zielkultur,
3. Commitment des Managements und der Stakeholder zu dem Veränderungsprozess und den priorisierten Dimensionen,
4. Entwicklung einer Employer Brand oder anderer Formate der Außendarstellung des Unternehmens, die diesen Zielzustand entwerfen und Kraft haben, dass sich die Mitarbeiter damit identifizieren,
5. Einstellen von Mitarbeitern, die diese Werte bereits mitbringen,
6. Einbindung und Inszenierung von Multiplikatoren und Führungskräften, die diese Werte verkörpern,
7. Anpassung aller Maßnahmen, Prozesse, Programme, Infrastruktur an diese Werte,
8. Verbreitung von Geschichten, Ritualen, Zeichen, die lebendig und emotional von der Kultur zeugen,
9. Belohnung von Initiativen, Mitarbeitern und Prozessen, die einen großen Einfluss auf den Wandlungsprozess haben, Sanktionierung von „altem Denken“,
10. Messen der Veränderungen.

So kann es gelingen, der Unternehmenskultur den Nimbus des Nebulösen, des Nichtbeeinflussbaren zu nehmen und einen zielgerichteten Veränderungsprozess zu initiieren.

Axel Springer hat innerhalb von acht Jahren sein Geschäftsmodell komplett umgebaut: Aus einem Printverlag ist inzwischen der erfolgreichste digitale Verlag Europas geworden. In Zahlen ausgedrückt hat sich das EBITDA der digitalen Erlöse von 4 % in 2008 auf 72,5 % in 2016 erhöht. Der Kulturwandel hat den Transformationsprozess entscheidend geprägt.

Außer dem erfolgreichen Unternehmensumbau hat dieser Kulturwandel auch einen nicht zu unterschätzenden Nebeneffekt: Es macht einfach mehr Spaß, in einem solchen Unternehmen zu arbeiten.

5.3 Mehr als Post-its und Europaletten – Agile Unternehmenskultur als Erfolgsvoraussetzung der digitalen Transformation

Stephan Rammelt

„Wenn dir die erste Version deines Produktes nicht peinlich ist, hast du es zu spät an den Start gebracht" (Fricke 2009). Mit diesem Satz brachte Reid Hoffman, Gründer von LinkedIn, einige der zentralen Prämissen von Agilität auf den Punkt: Es geht um Schnelligkeit, Flexibilität, um das frühzeitige Einbinden des Kunden – auch auf Basis von „Beta-Versionen". Vielerorts eine Revolution. Schließlich ist die bisherige Geschäftskultur meist das Produkt jahrzehntelanger Shareholder-Orientierung: Fokus auf größtmöglicher Planbarkeit, Kontrolle und Effizienz, entlang stark hierarchischen Denkens. Doch dieses Prozessmuster stößt vielerorts an seine Grenzen. Die Digitalisierung setzt die Unternehmen zunehmend unter immensen Druck. Die Veränderungen in den Märkten und den Bedürfnissen der Kunden sind so tief greifend wie nie zuvor, immer mehr Branchen finden sich und ihre Geschäftsmodelle auf dem Prüfstand wieder. Und bei der notwendigen Veränderung fehlt die Orientierung: Es gibt wenig bis keine Industriestandards oder Benchmarks, kaum Best Practices. Wer unter diesen Vorzeichen als Unternehmen erfolgreich sein will, muss schnell, flexibel und innovativ sein. In der digitalen Transformation geht es um ein radikales Umdenken und um kulturelle Erneuerung hin zu mehr Agilität.

Was in Start-ups geübte Praxis ist – gelebt in Methoden und Prozessschulen wie Scrum, Rapid Prototyping, Minimal Viable Products oder Design Thinking –, entdecken im Zuge der digitalen Transformation auch große Unternehmen für sich. Arbeiten wie ein Start-up: Das verheißt, die Erfolgsgeschichten aus dem Silicon Valley auch in deutsche Firmenzentralen zu holen. So zumindest das Versprechen. Und tatsächlich machen sich immer mehr Unternehmen zur Aufgabe, neue Wege zu entwickeln, um Innovationen zu fördern und Denkweisen zu verändern. So entstehen in vielen Hinterhöfen Innovation Labs, ausgestattet mit den Insignien der Start-up-Kultur: Europaletten, Post-its, Lackböden, Sitzsäcke. Doch vielerorts bleibt die ausgelagerte Denk- und Innovationsfabrik abgekoppelt vom restlichen Unternehmen – im schlimmsten Fall als reine, folgenlose Spielwiese und Innovations-PR, die nach außen signalisieren soll, dass man sich auf dem Weg in die digitale Zukunft befindet.

Doch wie lässt sich der notwendige kulturelle Wandel hin zu mehr Agilität in Unternehmen anstoßen und nachhaltig gestalten? Geht es um eine unternehmensweite kulturelle Veränderung oder nur darum, einzelne Abteilungen agiler zu machen, die die Transformation vorantreiben? Und welche Rolle sollte die Kommunikationsabteilung in dieser kulturellen Veränderung spielen?

Die Agilitäts-Revolution: Konsequenter Kundenfokus und Iteration

Zunächst einmal lohnt ein Blick auf die zentralen Prinzipien agilen Arbeitens, um den notwendigen Kulturwandel besser verstehen zu können. Grundsätzlich ist mit Agilität die Fähigkeit von Unternehmen gemeint, flexibel und aktiv zu agieren – in Zeiten des Wandels und der Unsicherheit ein entscheidender Wettbewerbsvorteil. Kein Wunder also, dass agile Methoden zunehmend Verbreitung finden. Ihren Ursprung haben sie in der Software-Entwicklung. Im sogenannten *Manifest für agile Softwareentwicklung* (2001) formulierte eine Gruppe internationaler Programmierer erstmals vier Werte als Basis agilen Arbeitens: Menschen und Interaktionen sind wichtiger als Prozesse und Werkzeuge; funktionierende Software ist wichtiger als umfassende Dokumentation; Zusammenarbeit mit dem Kunden ist wichtiger als Vertragsverhandlungen; auf Veränderung zu reagieren, ist wichtiger, als einen Plan zu befolgen.

Im Kern geht es beim agilen Arbeiten also um ein Mehr an Flexibilität, Kunden- und Umsetzungsorientierung. Ein Weniger an starren Strukturen wird dabei billigend in Kauf genommen. Im IT-Umfeld der Jahrtausendwende war diese Herangehensweise revolutionär. Bis dahin folgte die klassische Software-Entwicklung einem linearen, in Phasen organisierten Vorgehen, dem sogenannten Wasserfallmodell. Darin hat jede Phase vorab bestimmte Start- und Endpunkte mit eindeutig definierten Ergebnissen. Der Kunde bekam das Produkt zu sehen, wenn es fertig war, nicht eher. Im schlechtesten Fall stellte sich auch dann erst heraus, dass Wünsche des Auftraggebers nicht richtig verstanden oder umgesetzt wurden – vielleicht hatte die Konkurrenz das Problem inzwischen sogar schon besser gelöst.

Das Konzept der Agilität hingegen bricht mit diesen Prinzipien. Der Entwicklungsprozess ist unterteilt in Iterationen – kurze, überschaubare Phasen, in denen regelmäßig Zwischenergebnisse überprüft und am Endnutzer getestet werden. Veränderungen im Projektverlauf werden als unausweichlich akzeptiert, mehr noch: Es geht darum, sie so weit wie möglich zum Vorteil aller Projektbeteiligten zu nutzen. Individuelles Engagement, Freiwilligkeit und Vertrauen definieren die Zusammenarbeit im Team.

Methoden wie Scrum, Kanban oder Design Thinking kombinieren agile Prinzipien und Techniken zu einem schlüssigen Prozess. Scrum ist außerhalb der Software-Entwicklung wohl die bekannteste Methode für agiles Projektmanagement. Am Beispiel von Scrum wird auch deutlich, warum agiles Arbeiten ein radikales Umdenken in bisherigen Prozess- und Führungsmustern bedingt. Wie für alle agilen Methoden gilt auch hier: Ausgangspunkt ist immer der Kunde. Von Anfang an und kontinuierlich wird er in den Prozess eingebunden. Entsprechend konzentriert sich Scrum auf kurze Planungs- und Umsetzungsintervalle in sogenannten „Sprints“, statt einen groß angelegten Masterplan zu verfolgen. Mit dieser iterativen Vorgehensweise kann jederzeit flexibel auf neue Kundenwünsche oder Veränderungen im Umfeld, zum Beispiel auf technische Neuerungen, eingegangen werden. Das Team ist für die Umsetzung der Sprints verantwortlich und organisiert sich dabei weitgehend selbst. Transparenz über Arbeitsfortschritte und die kontinuierliche Verbesserung der Zusammenarbeit sind feste Bestandteile des Prozesses. Auch die Aufgabe der Führungskraft verändert sich in solchen Arbeitskontexten: Es geht nicht mehr darum, einzelnen Teammitgliedern konkrete Aufgaben zuzuweisen, sondern vielmehr darum, die Arbeitsfähigkeit des Teams insgesamt sicherzustellen – in der Rolle eines Moderators und Coaches.

Die zentralen Merkmale eines solchen agilen Arbeitens sind: Trial & Error, Customer Centric, Eigenverantwortung, hierarchie- und bereichsübergreifende Zusammenarbeit, Lern- und Innovationsfähigkeit. In diese Richtung muss der Kulturwandel gehen, um den Anforderungen der digitalen Transformation gerecht zu werden.

Aufgabe der Kommunikation: Kraftvolle Stimulation der Veränderung
Silodenken abschaffen, Hierarchien flacher gestalten, Zusammenarbeit und Wissensaustausch fördern: Das sind Appelle, die viel zu oft wirkungslos verhallen. Die praktizierte Führung und Zusammenarbeit sieht oft anders aus als der formulierte Anspruch. Versuche, an der Kultur zu arbeiten, werden als weiches HR-Thema ohne große Geschäftsrelevanz abgetan. Doch im Zuge der Digitalisierung stellt sich die Kulturfrage mit einer neuen Dringlichkeit. Eine agile Kultur wird zur Voraussetzung von Erfolg.

Doch Kultur, dieses schwer zu fassende Konstrukt aus Werten, Einstellungen und Verhaltensmustern, lässt sich nicht mit Absichtserklärungen managen. „Culture follows structure", sagt (Craig Larman 2013), einer der Vordenker der Agilitätsbewegung. Wer also an der Kultur eines Unternehmens schrauben will, muss bereit sein, das bestehende System zu ändern. Dann geht es ans Eingemachte: um neue Rollen, Verantwortlichkeiten, Strukturen, Prozessmuster. Diese tief greifende Veränderung richtig zu begleiten, ist Kernaufgabe einer Kommunikation, die eine treibende Rolle in der digitalen Transformation des Unternehmens spielen will.

Dabei geht es zunächst einmal um das richtige Framing. Neue Arbeitsweisen, Veränderungen von Strukturen, neue Führungsmodelle müssen in den unternehmerischen Gesamtzusammenhang eingeordnet werden. Es geht um ein kraftvolles Narrativ: Warum ist die gemeinsame Veränderung richtig und notwendig? Wie lässt sich der Zweck der gemeinsamen Unternehmung fassen? Und warum ist es für das Unternehmen und jeden Einzelnen lohnenswert, sich auf den gemeinsamen Such- und Lernprozess einzulassen, den die digitale Transformation mit sich bringt?

Dazu gehört auch, die digitale Transformation klar von den bekannten Change-Prozessen der Vergangenheit abzugrenzen. Es geht eben nicht wie bisher nur um die gewohnte Optimierung und Effizienzsteigerung durch digitale Prozesse, sondern um neue Räume für Innovation, Wachstum und Zukunft – getrieben durch neue technische Möglichkeiten. Die Erzählung über den Wandel und die Inszenierung des Wandels sind erfolgskritisch für die interne Wahrnehmung der digitalen Transformation. Dabei darf die interne

Erzählung zur digitalen Transformation nicht mehr dem Muster des „von oben" erzählten Plans und der Vollzugsmeldung folgen. Stattdessen braucht es Mut zu Geschichten, die den Entwicklungsprozess authentisch wiedergeben. Es geht darum, Erlebnisse und Erfahrungen der Veränderung zu teilen, auch durch eine stärker informelle Kommunikation. Nur so lassen sich Führungskräfte und Mitarbeiter für die tief greifenden Veränderungen gewinnen. Gleichzeitig müssen diese Erfahrungen und Erlebnisse auch zentral organisiert werden, um eine kulturelle Erneuerung zu starten. Für die Kommunikation bedeutet das eine Überprüfung ihrer Herangehensweise und ihrer Tool-Sets.

Innovationsformate sind die neuen Kommunikationsformate

Auf dem Weg hin zu einer agilen Geschäftskultur gilt: Kulturprägend ist nicht das Wort, sondern das Tun. Oder wie es ein geflügeltes Wort in der Start-up-Szene auf den Punkt bringt: „Make things, not slides". Die Kommunikation muss also Räume schaffen, um neue Denkweisen, neue Formen der Führung und Zusammenarbeit ganz praktisch erlebbar zu machen und einüben zu können. Dazu bedarf es neuer Kommunikationsformate – Formate, die bisher den Innovationsabteilungen vorbehalten waren. Indem agile Vorgehensweisen wie Design Thinking, BarCamps oder Prototyping Sessions zur Grundausstattung der Kommunikation werden, wird die neue Kultur direkt erfahrbar gemacht: experimentelles Vorgehen, Ausprobieren, Kreativität, offener Diskurs. Gerade Design Thinking bietet sich als agile Methode für kreative Problemlösung an, um Führungskräfte und Mitarbeiter für Neues zu öffnen und gemeinsam eine Zukunftsvorstellung zu entwickeln.

Natürlich muss die Kommunikation dabei für sich klar definieren, was auch in Zukunft ihr Spielfeld ist und was eben nicht. Sie hat nicht die Aufgabe, zum Umsetzer agiler Arbeitsweisen in den Geschäftsbereichen zu werden. Die Implementierung in der zukünftigen Praxis der Zusammenarbeit bleibt Aufgabe der Fachbereiche. Aber sie kann und muss diesen Prozess initialisieren, indem sie durch zentral angebotene agile Austausch- und Arbeitsformate Neugier weckt, Ängste abbaut, den Mehrwert deutlich und praktisch nachvollziehbar macht und damit am Ende ein Umdenken stimuliert. Auf diese Weise forciert sie den Schritt der Organisation in Richtung neue Welt. Es geht darum, einen kulturellen Veränderungsprozess anzustoßen, der in seiner Form selbst Ausdruck der Erneuerung ist.

Doch etablierte Unternehmen sind keine Start-ups. Und ein Workshop macht noch keinen Kulturwandel. Die Anforderungen an Agilität treffen in den meisten Organisationen auf nicht zu unterschätzende strukturelle Beharrungskräfte. Es braucht kraftvolle Stimulationen nach innen, um notwendige Veränderungen der Denk- und Prozessmuster anzustoßen.

#1 Agilität braucht Impulse für einen konsequenten Perspektivwechsel hin zu Kunde und Wettbewerb

Die digitale Transformation ist ein gemeinsamer Such- und Lernprozess – für das Unternehmen insgesamt und für viele Führungskräfte und Mitarbeiter. Die disruptive Qualität der Veränderung in Märkten, bei Kunden und Technologien bringt die Anforderung mit sich, die Perspektive zu wechseln, sich neue Themen zu erschließen und Wissen anzueignen. Die individuelle Bereitschaft dazu ist nicht zuletzt eine Frage der Generationenzugehörigkeit. Es ist die Aufgabe der Kommunikation, das Unternehmen und seine Führungskräfte darin zu unterstützen, entsprechend konkrete Lernerfahrungen zu organisieren.

Je praktischer und lebensnaher solche Erfahrungen gestaltet werden, desto eher wird die Tragweite der Veränderung nachvollziehbar. Die „Lernzeit“ von Kai Diekmann im Silicon Valley wurde noch 2012 in weiten Teilen der Öffentlichkeit belächelt. Heute floriert ein regelrechter „Erweckungsreisenbetrieb“ (Weisbrod 2014) zum fernen Tal in Kalifornien. Und so seltsam das anmuten mag, so richtig ist doch der Ansatz, vor Ort die Entwicklung neuer, digital getriebener Geschäftsmodelle erleben zu wollen. Es muss nicht Kalifornien sein. Auch individuell kuratierte Exkursionen für Führungskräfte an das am schnellsten wachsende Tech-Cluster Berlin schaffen spannende Einblicke in die Start-up-Szene und machen eindrucksvoll deutlich, was sich „da draußen“ bewegt (siehe auch Abschn. 5.5). Sie machen Lust darauf, selbst wieder stärker als Unternehmer zu denken, und bauen gleichzeitig Ängste vor den „Disruptoren“ ab. Besonders wichtig ist das mit Blick auf die Anforderung, sich als Führungskraft eines großen Konzerns mit Start-ups zu vernetzen, statt der Versuchung nachzugeben, sie zu belächeln.

Auch der Bedarf an Wissen über neue Technologien beziehungsweise die Berührungsängste mit ihnen dürfen nicht unterschätzt werden. Interaktive, spielerische Erlebnisformate zu Technologien wie Virtual Reality, Drohnen oder neuer Sensorik ermöglichen individuelles Lernen und fördern eine positive Wahrnehmung der Digitalisierung. Neben dem Blick für Wettbewerb und technische Entwicklungen gilt es auch, die Wahrnehmung für den Kunden völlig neu zu schärfen. Auch hier lassen sich Elemente aus Innovationsprozessen für die Stimulation eines konsequenten Perspektivwechsels nutzen – Persona Moodboards, User Journeys, Shadowing und Empathy Maps sind nur einige Methoden, die den Blick konsequent in Richtung Zielgruppe lenken.

#2 Agilität erfordert hochkollaborative Formate, die neue Formen der Zusammenarbeit erlebbar machen

Agile Formen der Zusammenarbeit lassen sich in einer Organisation nicht verordnen auch wenn es für die Verankerung im Arbeitsalltag natürlich die Führungskräfte braucht. Stattdessen geht es darum, zunächst Freiwilligkeit und vorhandenes Engagement zu stimulieren und Mitarbeiter unabhängig von Hierarchien einzuladen, die kulturelle Erneuerung zu erleben und mitzugestalten.

Beispielsweise helfen zentrale Mitarbeiterformate, um bereichs- und abteilungsübergreifend an Innovationen zu arbeiten. In inhaltlich dichten und hochkollaborativen Veranstaltungen – wie den so genannten „Innovation Days“ – können Mitarbeiter gemeinsam an neuen Produkten arbeiten – von der Idee über eine Geschäftsmodellskizze und Erprobung mit potenziellen Kunden bis zur finalen Präsentation vor dem Topmanagement. Auch stark ergebnisorientierte und verdichtete Design-Thinking-Workshops sind kraftvolle Impulse für die Veränderung der Zusammenarbeit: Innerhalb nur eines Tages entwickeln Teams Formate für die Gestaltung agiler Prozesse oder arbeiten an neuen Produkten. Am Ende des Prozesses stehen dann immer konkrete Prototypen, die unmittelbar spannende Lösungsansätze für die initiale Fragestellung bieten.

Tool-Boxen für agiles Arbeiten überführen die Motivation aus solchen zentralen Formaten ins Tagesgeschäft. Kompakt und entsprechend didaktisch aufbereitet unterstützen sie Teams, Ideen und Produkte zu entwerfen und so Innovationen im gesamten Unternehmen voranzutreiben. Hierbei ist zentral, den Prozess inhaltlich mit den laufenden Transformationsvorhaben zu verbinden und bei der Weiterentwicklung der Ideen die Begleitung durch Experten sicherzustellen.

Offene und für alle sichtbare Digital-Werkstätten im Unternehmen können Raum für inhaltliche Arbeit und Diskussion mit externen oder internen Experten bieten und gleichzeitig die Transformation des Unternehmens erlebbar machen. Diese Werkstätten können auch als Plattform dienen, auf der Innovationsabteilungen und digitale Pilotgruppen, die im Unternehmen die Entwicklung neuer Produkte und Geschäftsmodellansätze vorantreiben, ihre Arbeit vorstellen, Feedback einholen und für die Akzeptanz neuer Ansätze werben. Dabei sind auch im Sinne des „Internal Crowdsourcing" interne Ausschreibungen zur Bearbeitung von Themen und Teilaufgaben der digitalen Transformation denkbar, die in den Werkstätten mit agilen Methoden bearbeitet werden.

#3 Agilität benötigt Erfahrungsräume, um Führungskräfte in ihrem tief greifenden Rollenwechsel zu begleiten

Dass sich in einer agilen Geschäftskultur die Rolle der Führungskraft grundlegend verändert, ist augenfällig. Ein Mehr an Agilität bedeutet dezentralere Organisationsstrukturen mit hoher Autonomie in den Teams. Zusammenarbeit wird bereichsübergreifend und projektbezogen organisiert, die Bedeutung fester Abteilungen nimmt ab. Flache Hierarchien und offene Kommunikation sind Voraussetzungen agilen Arbeitens. Die damit einhergehenden neuen Rollenanforderungen lassen sich mit dem Begriff „Beta-Leadership" fassen. „Beta" steht für Lern- und Veränderungswillen, für einen neuen Umgang mit Risikobereitschaft und Fehlerkultur. In der digitalen Transformation geht es nicht mehr um die Vermittlung und Exekution klar definierter Veränderungsvorhaben. Hierarchie und Top-down-Kommunikation weichen stärker partizipativen Modellen. Und die Innovationsgeschwindigkeit im Zuge der Digitalisierung ist zu hoch für eine Kultur der 150-prozentigen Absicherung.

Die Kommunikation hat in Zusammenarbeit mit HR die Aufgabe, die Auseinandersetzung mit der neuen Führungsrolle zu organisieren. Zum Beispiel durch exklusive Dialogformate und Vorträge zu den Herausforderungen der digitalen Transformation für Führungsverständnis und -praxis. So genannte „FuckUp Nights" bringen kulturelle Disruption ins Unternehmen. In diesem Rahmen berichten externe Unternehmer von ihrem Scheitern und der damit verbundenen Lernerfahrung oder auch – ausgestattet mit dem entsprechenden Mut – das Topmanagement. Nur so entstehen ein offener Diskurs und eine Bewegung hin zu einer offenen Fehlerkultur. Auch ist es wichtig, die unternehmerische Sichtweise der Führungskräfte zu stärken. In mehrtägigen, intensiven Arbeitsformaten können Führungskräfte anhand realer oder fiktiver Cases Ideen entwickeln, diese in einem ersten Schritt validieren und mit Prototypen in den „Pitch“ vor ihren Kollegen und das Board gehen.

Neben dieser individuellen Auseinandersetzung gilt es, Führungskräfte gezielt darin zu unterstützen, in ihren Teams und darüber hinaus Räume für neues, auch abteilungsübergreifendes Denken zu schaffen und agiles Arbeiten zu ermöglichen. Sie müssen ganz praktisch dazu befähigt werden, ihre Mitarbeiter zum Umdenken zu inspirieren, offene Diskussionen anzustoßen, bereichsübergreifende Zusammenarbeit zu fördern und Widerstände und Unsicherheiten bei den Mitarbeitern zu adressieren. Was wird zukünftig von mir erwartet? Was ist meine Rolle im Team? Wo beginnt und endet mein Verantwortungsbereich? Diese Fragen gemeinsam zu klären, das Team in die neue Arbeitsweise zu begleiten und zur neuen Freiheit zu ermuntern, ist Führungsaufgabe.

Kulturveränderung: Zielgenaue Impulse statt Gießkanne
Eine agile Unternehmenskultur ist Erfolgsvoraussetzung für die digitale Transformation. Soweit, so klar. Doch geht es um eine unternehmensweite Veränderung der Unternehmenskultur quer durch alle Bereiche? Oder muss die Kulturveränderung nur in einigen wenigen Bereichen angestoßen werden? Diese Frage kann nur unternehmensspezifisch beantwortet werden, hängt sie doch stark vom jeweiligen Veränderungskontext ab.

Eine Orientierung bietet das Modell der „Three Horizons of Growth“ (Baghai et al. 1999). Es soll Unternehmen dazu dienen, künftige Chancen für Wachstum zu erschließen, ohne die Performance im aktuellen Kerngeschäft zu vernachlässigen. Aber auch mit Blick auf das Thema Agilität und die damit verbundene Notwendigkeit zur kulturellen Veränderung schafft das Modell erste Klarheit. Demnach gibt es Bereiche im Unternehmen, die dem „Horizon 1“ zuzuordnen sind. Sie kümmern sich darum, das Kerngeschäft zu verteidigen bzw. zu erweitern und die Profitabilität des bestehenden Geschäfts zu erhöhen. Innerhalb des „Horizon 1“ finden zwar auch Innovationen statt. Allerdings betreffen diese meist Effizienzoptimierung und Qualitätssteigerung im Bestand. Das Verständnis des Geschäfts und der Zusammenarbeit basiert sehr stark auf detaillierten Planungen für Wachstum in angrenzenden Geschäftsfeldern. Hier ist die Anforderung an Agilität am geringsten ausgeprägt. So hilft es beispielsweise wenig, das Controlling mit obligatorischen Design-Thinking-Sessions zu verstören oder in hochgradig risikoaversen Bereichen Trial & Error zu predigen. Trotzdem bleibt es natürlich auch diesen Bereichen unbenommen, agile Formate zu nutzen, um inhaltlichen Austausch oder bestehende Prozesse zu optimieren.

Führungskräfte und Mitarbeiter, deren Bereiche dem „Horizon 2“ zuzuordnen sind, bauen neues Geschäft auf. Sie entwickeln Strategien, die mit Investitionen und Business-Plänen für neue unternehmerische Vorhaben verbunden sind. Im „Horizon 2“ werden die Produkte oder Geschäftsbereiche entwickelt, die den „Horizon 1“ perspektivisch erweitern sollen. Schon hier gelten erhöhte Anforderung an Agilität – gerade mit Blick auf die Sensibilität für veränderte Marktbedingungen und Kundenbedürfnisse und damit verbundene Chancen. Zum Beispiel profitiert auch die klassische, vom aktuellen Geschäftsmodell ausgehende Produktentwicklung enorm von agilen Impulsen. Auch hier gilt es, über

Jahre gelernte Muster aufzubrechen: hier „wir“, dort die Kunden; hier Planung, Projekt und Produkt, dort „Verpackung“ und Kommunikation. Diesen eingeübten Fokus konsequent in Richtung Kundenbedürfnis und -erlebnis zu verschieben und das bestehende Leistungsangebot immer wieder zu überprüfen, gelingt mit agilen Methoden effektiver als mit klassischen Ansätzen.

Im „Horizon 3“ ist agiles Denken und Arbeiten dann unabdingbare Voraussetzung für Erfolg. Hier werden die bestehenden Geschäftsmodelle des Unternehmens infrage gestellt. Es geht darum, völlig neue Geschäftsmöglichkeiten und -felder zu entdecken und gezielt Risiken einzugehen. Zu diesem Zweck werden mit möglichst wenig Aufwand und Kosten unterschiedliche Modelle für die Zukunft erprobt – indem viele, auch zunächst abwegig scheinende Ideen gleichzeitig bearbeitet werden. Die Arbeit im „Horizon 3“ ist sehr stark von dem für die Agilität typischen Trial & Error, iterativen Schleifen und starker externer Vernetzung geprägt. Nur so lassen sich neue (disruptive) Ansätze entwickeln – sei es in „klassischen“ Innovationsabteilungen, extern angesiedelten „Innovation Hubs“ oder hinzugekauften Start-ups.

Agilität vs. Stabilität: Umgang mit kultureller Vielfalt im Unternehmen

Ein Prozess zur Veränderung der Unternehmenskultur muss den unterschiedlichen Anforderungen an Agilität im Unternehmen Rechnung tragen. Die Kommunikation darf nicht ohne Kenntnis des inhaltlichen Fokus und des „Kampfauftrags“ der Bereiche blind Agilität predigen. Gleichzeitig dürfen Unternehmen nicht der Versuchung erliegen, agile Arbeitsmethoden und Denkweisen auf die Innovationsabteilungen allein zu begrenzen. Es braucht ein unternehmensweites Grundverständnis von Agilität und die Anstrengung, agile Arbeits- und Denkweisen passend für die verschiedenen Unternehmensbereiche mit ihren unterschiedlichen Funktionen für das Kerngeschäft oder die Transformation auszugestalten. Gerade bei der Integration von Start-ups in traditionelle Unternehmen lässt sich regelmäßig beobachten, wie schwierig und heikel dabei das Finden der richtigen Balance ist: Begreift man die jungen Firmen als vollständig losgelöst vom Mutterkonzern, kann kein fruchtbarer Austausch zustande kommen. Schließlich profitieren die jungen Unternehmen im besten Fall von den Ressourcen und dem Know-how der großen Organisation. Wenn aber der Konzern eine Vollintegration der neuen Tochter anstrebt, kommt es zu einem Kulturkampf, den nur der Größere gewinnen kann. Unweigerlich werden die Start-ups dann in das hineingezogen, was traditionelle Organisationen langsam und innovationsschwach macht (vgl. Keese 2016).

Toleranz für kulturelle Unterschiede braucht es also auf beiden Seiten. Dazu gehört der Respekt agil arbeitender Teams vor der Leistung von Abteilungen, die im Hier und Jetzt sicherstellen, dass Innovationen finanziert und Gehälter bezahlt werden können. Gleichzeitig sind traditionelle Unternehmensbereiche schlecht beraten, mit einer gewissen Arroganz auf die verspielt erscheinende, bunte Start-up-Welt hinabzublicken. Gefragt sind Akzeptanz und Verständnis für die Vielfalt der Denk- und Arbeitsweisen im Unternehmen. Die Erklärung und Vermittlung dieser Unterschiede ist Führungs- und Kommunikationsaufgabe. Es geht um gegenseitige Unterstützung, Austausch von Ressourcen und Goodwill gegenüber Lösungen mit disruptivem Potenzial. Andernfalls entstehen neue Silos, die den Transfer von Ideen und neuen Ansätzen in das Geschäft des Unternehmens erschweren.

Klar ist: Ein Bereich, in dem agile Formen des Denkens und der Zusammenarbeit Einzug halten müssen, ist die Kommunikation selbst. Sie muss Vorreiter der Bewegung sein, sie muss die Formate der Führung und Zusammenarbeit selbst erprobt und internalisiert haben. Nur wenn sie den Mehrwert der „neuen Welt" selbst verstanden und erfahren hat, kann sie überzeugend die interne Veränderung begleiten.

5.4 Raumkomponente und -ästhetik in der digitalen Welt und Kultur

Julius Kranefuss

Wer nach außen schaut, träumt. Wer nach innen schaut, erwacht. (C. G. Jung)

Vor Kurzem wurden wir gefragt, eine Büroetage für eine große traditionelle deutsche Bank in Frankfurt zu entwickeln. Ein „Office of the future" für junge, kreative und digitale Querköpfe, welche die Bank zukunftsfit machen und dazu praktische Umsetzungen ausbrüten sollten. Die Bank zeigte sich an unserem architektonischen Ansatz für Coworking und neuen Gestaltungskonzepten in digitalen Arbeitswelten interessiert. Zum besseren Verständnis unseres Angebots wurde ich nach einem vorherigen Assessment in den Sitz der Bank in die Charlottenstraße nach Berlin eingeladen.

Als ich in der Kennenlernrunde nach einer kurzen Einführung mit „Sehr geehrter Herr Kranefuss" angeredet wurde, bat ich den Abteilungsleiter, mich doch „Julius" zu nennen – was in meiner Arbeitswelt die Regel und Gewohnheit ist. Für einen unangenehmen, in der Erzählzeit ewigen Moment herrschte hier jedoch betretenes Schweigen. Man sei zwar bereit, Schlips und Jackett für den Casual Friday abzulegen, aber ein „Du" in Gesprächen – das habe es so noch nicht gegeben, erläuterte der eigens aus Frankfurt angereiste Abteilungsleiter.

Interessanten, wenn auch zaghaften Gesprächen folgte eine kurze Führung durch einen gerade fertiggestellten Bürotrakt Prototypen. Dieser war von einem angesehenen Interior-Büro aus Stuttgart entwickelt worden. Während des Rundgangs betonten die Bank-Vertreter mehrfach ihren Willen, sich der Zeit und den aktuellen Arbeitsstrukturen Schritt für Schritt anpassen zu wollen. An der Ästhetik des Interior-Designs ließ sich nichts aussetzen. Der Flokati-Teppich im Besprechungszimmer passte farblich zu den Akustik-Paneelen in den Büroräumen und die Bürostühle entsprachen elegant den Arbeitsschutzrichtlinien. Die Erfrischungsgetränke und die unberührte Keksschale auf dem Meeting-Tisch rundeten den sehr klinischen Eindruck ab. Persönliche Gegenstände waren – außer einer Fußballfahne von Bayern München, die man mir stolz präsentierte – an den Arbeitsplätzen nicht zu finden.

Als ich den Bankensitz verließ, war jedem Beteiligten klar, dass wir hier trotz Sympathie nicht zusammenkommen würden. Zu unterschiedlich waren unsere inhaltlichen Vorstellungen von Arbeitskultur, zu unkonventionell auch mein gesamter Auftritt.

Ungeachtet des fehlenden Happy Ends ist mein Besuch bei der Bank beispielhaft: Große Konzerne und Unternehmen bemühen sich zunehmend, offen für Alternativen bei Raumgestaltung und -ästhetik zu sein. Einhergehend mit dem digitalen Wandel in der Arbeitskultur möchte man auf kleinen Flächen oder in den Büroräumen insgesamt zeigen, dass man die Teilhabe an diesem nicht verschlafen hat.

Raumgestaltung und -ästhetik sind so auch zu einem wichtigen kommunikativen Symbol geworden, durch das Erneuerung und Modernität des Unternehmens zum Ausdruck gebracht und damit erlebbar gemacht werden können.

Dabei gibt es aber ein Problem: Schauen wir auf die ästhetischen Kriterien von Raumgestaltungsprojekten, so sind diese oft geprägt von zeitgeistiger Selbstreferenzialität und struktureller Plagiaterie. Man kann hier noch nicht einmal einen Vorsatz der unerlaubten Nutzung geistigen Eigentums unterstellen, denn der inflationäre Überschuss der Bilder von räumlichen Lösungen und Konzepten lässt eigentlich nur eine naive und unbewusste Verarbeitung zu. Büroräume in Paris sehen aus wie in Köln, da sieht es aus wie in New York, wo es so aussieht wie im Prenzlauer Berg: Und im Prenzlauer Berg sah es bekanntlich mal aus wie in Stuttgart. Die Geschwindigkeit, mit der sich Projekte, Konzepte und Ideen verbreiten, ist so hoch, dass in den meisten Fällen keine wirkliche inhaltliche Auseinandersetzung mit eben diesen entsteht. Aufgrund der Fülle der Eindrücke ist es heute fast schon die Kunst, aus dem Gesehenen die richtigen ästhetischen Schlüsse zu ziehen, also zu filtern, was optisch relevant ist. Dabei kann in vielen Fällen die Hülle nicht über einen fehlenden Inhalt hinwegtäuschen. Digitaler Wandel und der damit verbundene veränderte Arbeitsanspruch lassen sich nicht einfach durch sehr schöne oder geschmackvolle, aber inhaltlich nach wie vor konventionelle Formen der Gestaltung erfassen. Und nur auf das Äußere und die kommunikative Wirkung zu schauen, greift entschieden zu kurz.

Wie aber müssen dann Projekte bzw. Konzepte für eine Raumästhetik in der digitalen Welt bewertet werden, außer mit „finde ich schön", „like" oder „geht gar nicht"?

Nicht nur große Konzerne und Unternehmen haben dieses Problem. Stellen wir der großen Unternehmensform die Gründerszene gegenüber. In dieser bewegen sich die sogenannten „Digital Natives", im weiteren Sinne alle ab Generation Y. Der digitale Nomade braucht nicht viel, sagt man gerne. Mit einem Laptop, Internet, Strom und gutem Kaffee sei er schon zufrieden. Die Kehrseite ist, dass in der Regel ein großes strukturelles Defizit im Wissen um Firmenaufbau besteht, da kaum mehrjährige Erfahrungen in der klassischen Arbeitswelt vorhanden sind. Die Konzeptualisierung von Büroabläufen, die ihre Arbeitskultur unterstützen könnten, stellt für die Digital Natives eine Herausforderung dar. Aus diesem Grund sind junge Gründer häufig sehr aufgeschlossen und wissbegierig, um dieses Defizit auszugleichen. Die Mischung von Unwissen und Aufgeschlossenheit, etwas Unbekanntes zu erlernen, erweist sich als ein Nährboden für

Neues. Hier liegt einer der drei Kernpunkte für wirkliche Veränderung von Ästhetik und Raumkomponenten der digitalen Kultur:

#1 Unvoreingenommensein: Das Fehlen von normativen Vorstellungen von einem Arbeitsplatz oder von ganzen Arbeitsstrukturen ermöglicht den Zugang zu räumlichen Experimenten und gegebenenfalls wegweisenden Ideen
Je weiter sich ein Digital Native aber professionalisiert und Erfahrungen in seinem Arbeitsumfeld sammelt, umso mehr wünscht er sich geordnete Strukturen sowie striktere und hierarchischere Raumkonzepte für mehr Wachstum und erleichtertes Arbeiten. Das ist wichtig: Denn ab einer kritischen Größe kann eine Firma ansonsten nicht mehr effizient funktionieren. Daraus schlussfolgernd benötigt man hier ein Arbeitsumfeld wie in den großen Unternehmen, aber doch gefühlt anders – wenn möglich. Man will seinen Ursprüngen und seiner Identität ja treu bleiben.

Neben dem Unvoreingenommensein als einer der Kernvoraussetzungen einer veränderten Raumästhetik ist eine weitere die der geringen finanziellen Mittel.

#2 Mangelästhetik: Monetäre Defizite führen gezwungenermaßen zu unkonventionellen Interimslösungen
Am Anfang jeder Firmengründung steht meist wenig bis kein Kapital zur Ausrüstung und Ausstattung von Büroräumen zur Verfügung. Doch auch nachdem Investoren bereits ihr Risikokapital platziert haben, bleibt das Budget für die Arbeitswelt gering. Aus dieser Not wird eine Tugend gemacht. Stellvertretend für die sich daraus ergebende „Mangelästhetik" sei hier das Beispiel der Europalette genannt. Die Europalette wird gerne als Sofa, Raumtrenner, Bühne, Tisch oder Wandelement mit Bepflanzung in Gründerbüros verwendet. „Eigentlich" wird die Europalette jedoch meist nicht als räumliches Gestaltungsmittel verwendet, weil sie so unglaublich schick und neu ist, sondern weil sie entweder nichts kostet oder sehr billig zu kaufen ist. Damit ist die Europalette prädestiniert als nützlicher Baustein für alles Mögliche, was man an Einrichtungs-Grundbedürfnissen herstellen kann.

Das Wort „eigentlich" wird hier benutzt, da der vorangegangene Ausspruch bereits keine universelle Gültigkeit mehr hat. Denn eben dieser Kern-Prozess des Mangels ist schon längst dem Prozess einer ästhetischen Gentrifizierung unterlegen. Und der nimmt inzwischen seinen Lauf bis in die Welt der Konzerne. Genau an diesem Punkt pervertiert das aus Geldmangel entstandene räumliche Gestaltungsverständnis zu einem oberflächlichen Arbeitsweltenkonzept, Designbegriff und zur Marketingstrategie. Ein wirklicher Mangel entsteht in einem DAX 30-Konzern höchstens durch Restriktion der Budgetfreigaben und reine Willkür.

Raumgestaltung und Raumästhetik ist dann nur noch Kulisse für die Inszenierung von Modernität. Ein paar Europaletten sind noch lange kein digitaler Kulturwandel. Deswegen ist ein dritter Punkt wichtig, der einer Raumästhetik in der digitalen Welt erst wirklichen Sinn und ihre eigentliche Wirkung gibt.

#3 Introversion: Veränderungen der Arbeitsplatzsituation und -kultur vom Analogen zum Digitalen können nicht oberflächlich durch neue Gestaltung gelöst werden, sondern bedürfen zusätzlicher struktureller Änderungen
Die Strukturen kleiner Gründerfirmen bergen in sich den Vorteil einer schnellen Anpassungsfähigkeit. Prozesse können zügig analysiert und deren Optimierung rasch umgesetzt werden. Bei größeren Unternehmen ist dies so nicht möglich. Deswegen versuchen sie dies vor allem durch die Neugründung von kleineren Tochtergesellschaften oder Unterkonstruktionen in Form von Innovation Labs, Digital Factories oder Ähnlichem zu lösen. Diese haben den Vorteil, einen Sonderstatus innerhalb der Konzernstruktur zugesprochen zu bekommen. Sie sind damit in der Lage, räumliche Experimente durchzuführen, die dann auch von entsprechenden Arbeitsformen und -strukturen getragen werden. Allerdings können auch hier nicht die Interessen und Vorlieben von Vorstand, Aufsichtsrat, Gewerkschaft oder anderen wichtigen Gruppen im Unternehmen völlig außen vor gelassen werden. Dadurch wird der wesentliche Kern der Unvoreingenommenheit in der Regel in seiner Entfaltung eingeschränkt. Dies kann eine glaubhafte, da aufrichtige Raumgestaltung erschweren, die im Sinne der angestrebten Werte und Kultur ist und nicht nach vermeintlich ästhetischen Formeln beziehungsweise Trends erarbeitet und umgesetzt wird.

Fazit
Einer Ästhetik im Wandel muss sich vor allem geistig angenähert werden – und zwar in einem Prozess, der sich nach innen richtet. In einer äußerlichen, ästhetisch angepassten Erscheinungsform liegt selten ein tieferer Wert. Diese erscheint meistens charakter- und inhaltslos sowie irgendwie arm, wenn auch mitunter gerne sexy.

Deswegen sollten Projekte für eine neue Raumästhetik in digitalen Arbeitswelten anhand von drei Kriterien qualitativ beurteilt werden:

1. **Unvoreingenommensein:** Kann das Projekt mit der nötigen ergebnisorientierten Unvoreingenommenheit der Beteiligten umgesetzt werden?
2. **Mangelästhetik:** Kann der ästhetische Anspruch vorherrschende Trends in seinem Rahmen adäquat und ökonomisch überwinden?
3. **Introversion:** Können räumliche Komponenten ein relevantes, strukturelles Problem des Unternehmens lösen?

Die Beantwortung dieser drei Fragen ist entscheidend, damit Raumgestaltung und -ästhetik einen wirklichen digitalen Kulturwandel befördern und so ihre wahre Symbolkraft entfalten kann. Das Aufzeigen des richtigen Weges zu den jeweiligen Lösungsschritten ist im besten Fall Aufgabe des Architekten. Zur sprachlichen Vermittlung dieses Weges hilft da auch schon mal ein „Du“.

5.5 „Berlin, Berlin, wir fahren nach Berlin!" – Warum Exkursionen in die Start-up-Kultur der Hauptstadt so beliebt und sinnvoll sind

Christina Afting

„Wir brauchen mehr Start-up-Kultur!" Dieser Wunsch schallt seit einigen Jahren durch die Vorstands- und Führungsetagen fast aller großen Unternehmen. Agiler wollen sie werden, innovativer, cooler, schneller, unbürokratischer. Die digitale Transformation – und die damit verbundene Digitalisierung von Geschäftsmodellen – ist für fast alle Branchen einer der wichtigsten Schritte zur Zukunftssicherung. Sie wirkt wie ein Heilsbringer des 21. Jahrhunderts. Dennoch ist die Vorstellung, was Digitalisierung für das eigene Unternehmen und die eigene Zukunft bedeutet, in vielen Unternehmen noch sehr diffus. Studien und Benchmark-Präsentationen gibt es viele, oft zeichnen sie jedoch ein abstraktes Bild und es lassen sich kaum konkrete Handlungsempfehlungen ableiten.

Um digitale Transformation zu verstehen; um zu begreifen, wie Start-ups arbeiten; um erste Impulse zu bekommen, wie Digitalisierung konkret im eigenen Unternehmen angegangen werden kann – dafür bietet es sich an, dahin zu fahren, wo man all das selbst erleben kann.

Als Axel Springer 2012 bekannt gab, mit *BILD*-Chefredakteur Kai Diekmann, Vermarktungs-Chef Peter Würtenberger und Idealo-Gründer Martin Sinner drei Top-Führungskräfte für mindestens ein halbes Jahr ins Silicon Valley zu schicken, um „neue unternehmerische Ideen für digitales Wachstum zu entwickeln", wurden die drei – und auch Axel-Springer-CEO Mathias Döpfner – zunächst belächelt. Inzwischen gilt Axel Springer wegen genau solcher, damals noch ungewöhnlicher Maßnahmen als einer der Pioniere der Digitalisierung in Deutschland. Und inzwischen hat sich ein Phänomen entwickelt, das sich mit „Silicon-Valley-Tourismus" gut umschreiben lässt. Kaum ein großes Unternehmen war noch nicht mit einigen oder allen Top-Führungskräften für wenigstens drei bis fünf Tage in Palo Alto. Telekom, Daimler, Henkel, RWE, E.ON, Deutsche Bahn – die Liste lässt sich beliebig fortsetzen. „Nicht wer hinfährt, steht unter Rechtfertigungsdruck. Sondern wer das nicht tut," beschreibt die *WELT* die Reisefreudigkeit der deutschen Vorstände (Doll 2016).

Nun muss nicht jedes Unternehmen ganze Führungsetagen in die Bay Area einfliegen lassen. Wem der Besuch in der Innovations-Schmiede in Kalifornien zu aufwendig, zu weit oder zu teuer ist, der fährt dorthin, wo sich in Deutschland die Start-ups tummeln: nach Berlin. Die Angebotspalette für diese sogenannten „Learning Journeys" oder „Start-up-Safaris" in der Hauptstadt wird zunehmend größer. „Berlin, Berlin, wir fahren nach Berlin" – die jährlichen Fangesänge anlässlich des DFB-Pokals lassen sich wie ein Motto auf dieses Pilgerverhalten anwenden. Vorstände, Führungskräfte, Digitalisierungs-Beauftragte – meist in Gruppen von bis zu 20 Personen – besuchen hintereinander verschiedene Coworking Spaces, Inkubatoren und Start-ups und erleben dort die viel beschriebene Arbeitswelt der neuen Gründer.

In der Start-up-Szene in Berlin kursiert für solche Exkursionen schon seit einiger Zeit der Begriff „Zoo Besuche“, denn es vergeht für viele Inkubatoren und Start-ups kaum ein Tag, an dem nicht mindestens eine Gruppe von Managern durch die Räumlichkeiten geführt wird, um das Arbeiten der „jungen Wilden“ zu begutachten. „Corporates“ heißen diese meist wissbegierigen, manchmal skeptischen Unternehmensvertreter, die da vorbeikommen und sich die Großraumbüros mit Möbeln aus Europaletten und mit Post-its behangenen Scheiben und Tafeln anschauen.

Warum folgen so viele Unternehmen diesem Trend? Wozu dienen solche „Learning Journeys“? Warum lohnt es sich, diese neue Welt zu erkunden? Aus unseren Erfahrungen bei der Organisation und Durchführung solcher Start-up-Exkursionen für verschiedene Unternehmen lassen sich vier wesentliche Punkte ableiten.

#1 Einblick in Innovationen und technologischen Fortschritt

Berlin beherbergt die meisten Start-ups in Deutschland. Das Institut für Strategieentwicklung (IFSE) zählte Anfang 2016 rund 620 Unternehmen, die nach den Kriterien des Instituts den Start-ups zugerechnet werden. Das sind solche Unternehmen, die ein skalierbares Geschäftsmodell haben, ohne Internet nicht denkbar wären und nicht älter als fünf Jahre sind.

Ein passenderes Umfeld, um Einblicke in den technologischen Fortschritt, in neue Entwicklungen und Ideen zu bekommen, kann man sich also kaum vorstellen. Hierfür lohnt ein Besuch bei den Inkubatoren und Acceleratoren, sei es die *Berlin Startup Academy,* der Telekom *hub:raum* oder *Axel Springer Plug and Play.* Mit 25.000 € Anschubfinanzierung, einem umfassenden Mentoring-Programm und Pitch-Trainings bietet der letztgenannte Accelerator des Medienunternehmens ein intensives, 100-tägiges Programm. Die jungen Gründer, die es durch den Auswahlprozess geschafft haben, widmen sich in diesen drei Monaten ausgiebig dem Aufbau des eigenen Geschäftsmodells, dem Austausch und dem Netzwerk. Wenn CEO Jörg Rheinboldt den Besuchern von den Start-ups berichtet, die in den Räumen in der Markgrafenstraße in Kreuzberg begonnen haben und die inzwischen teilweise, wie das Fintech *Number26* (neuerdings *N26*), zu den großen Playern in der deutschen Start-up-Welt gehören, ist das ein bisschen wie ein Bericht von der Magie der Gründerzeit. Viele Manager fühlen sich dann an den Beginn der eigenen Karriere und des eigenen Unternehmens erinnert. Und wenn die jungen Gründer aus dem aktuellen Programm voller Energie und Schaffensdrang von ihrer Idee erzählen, wird die Innovationskraft fast greifbar.

Bei keinem Besuch reichen die avisierten eineinhalb Stunden aus. Und auch zuvor eher skeptische Unternehmensvertreter zeigen sich nach einer solchen Kurzvisite in den mit wilden Sprüchen eines Künstlers bemalten Wänden beeindruckt. „So, wie er das erklärt, verstehe ich das auch“, so ein Teilnehmer beim Verlassen des Gebäudes. Und weiter: „So wirr und irritierend die Umgebung da oben auch ist, so auffällig ist der Erfindergeist, den dieser Ort versprüht.“

#2 Konfrontation mit einer neuen Geschwindigkeit

„Etablierte Unternehmen neigen dazu, ihre Produkte perfekt durchdacht und getestet zu haben, bevor sie damit an den Markt gehen. Darüber verlieren sie viel Zeit," konstatiert eine LEAD-Studie aus 2016. Start-ups gehen hier ganz anders vor. In den oben erwähnten Acceleratoren-Programmen haben die Gründer gerade mal drei Monate Zeit, um ihre Idee zu einem Prototypen und damit zum Produkt zu entwickeln und am Markt zu testen. Geschwindigkeit ist Programm. „Einfach mal machen" geht vor Planen bis ins Detail.

Diese Entscheidungsfreude zeichnet die Kultur und Arbeitsweise von Start-ups aus. In kurzen Meetings werden Entscheidungen getroffen und im weiteren Prozess ausprobiert. Alles ist auf den Kunden, das Produkt und den Vertrieb ausgerichtet. Ein Kanban-Board oder eine Scrum-Matrix an den Wänden zeugen von den schnellen Prozessen und Entscheidungen in kurzen Etappen. Die Neugier auf das, was die Besucher antreibt, die zahlreichen Fragen der jungen Gründer belegen das stete Interesse an Erfahrungsaustausch und das Eruieren möglicher Kooperationen. Jedes Post-it an den Scheiben oder Tafeln, jedes Teammeeting in kleinen Gruppen, das man im Vorbeigehen mitbekommt, weist auf das schnelle und agile Arbeiten in dieser Arbeitskultur hin.

Wenn zwischen unseren Besuchen eines Start-ups mit verschiedenen Unternehmen zwei oder mehr Monate liegen, hat sich das Start-up schon wieder weiterentwickelt. Aus 30 Mitarbeitern wurden 50 und im nächsten Quartal kommen noch einmal 20 dazu. Aus einem Großraumbüro mit einer Dachterrasse wurden drei Etagen mit verschiedenen Bereichen für Entwickler und einer Arena für Präsentationen und Personalmeetings, aus der persönlichen Assistentin wurde die Chefin für Kommunikation und Marketing. Was bleibt, sind die Dachterrasse und die Tatsache, dass die Gründer immer und weiterhin inmitten der Teams sitzen und selten eigene Büros ihr Eigen nennen.

Die Möglichkeit, sich mit den Gründern und Mitarbeitern dieser Start-ups auszutauschen, die fortwährend an den Produkten feilen, die offen mit Fehlern umgehen, daraus lernen, Entscheidungen auch einmal revidieren und ehrlich darüber berichten, ist ein wesentliches Element einer Start-up-Exkursion.

#3 Impulse für eine neue (Führungs-)Kultur

Das Eintauchen in die Start-up-Kultur ist für viele „Corporates" eine ganz neue Erfahrung: offen, unkompliziert, kommunikativ, kreativ, scheinbar hierarchiefrei. Ein Kicker oder eine Tischtennisplatte dürfen ebenso wenig fehlen wie die Gemeinschaftsküche, in der sich jeder sein Essen machen kann und in der man sich abends – zwischen zwei Arbeitsschichten – noch auf ein Bier trifft. Die Gründer sind Teil des Teams, man sieht in den seltensten Fällen Anzüge oder gar Krawatten. Jogginghosen, Jeans, Turnschuhe und der inzwischen sagenumwobene „Hoodie" bestimmen das Bild. Das Miteinander ist immer per „Du", international, Englisch ist in den meisten Fällen die Sprache der Wahl (da fällt das „Sie" oder „Du" ohnehin nicht mehr auf). Auf jeder Etage und in jedem Raum sind der Spaß und die Freude an der Zusammenarbeit und daran, Teil von etwas Großem zu sein, spürbar.

Hier liegen viele Möglichkeiten und Impulse für die Unternehmen und ihre eigene (Führungs-)Kultur. Das heißt nicht, dass jedes Unternehmen das „Sie" und den Anzug als Arbeitsoutfit abschaffen oder Meetings zur Post-it-Party umwidmen sollte. Es geht darum, durch eine solche Exkursion zu erleben, wie die junge Generation arbeiten möchte, welches Umfeld geschaffen werden muss, um die Generationen Y bis Z in ein Unternehmen zu holen und zu binden.

Einen guten ersten Einblick bieten die zahlreichen Coworking Spaces in der Hauptstadt. Das *betahaus* war 2009 der Vorreiter, mittlerweile umfasst es mehr als 3000 m^2 und mehr als 500 Mitglieder. Start-ups wie *Coffee Circle* oder *Luuv* taten hier ihre ersten Schritte von der Idee zur erfolgreichen Unternehmensgründung, große Konzerne wie die Deutsche Bahn, Daimler oder Ernst & Young mieten sich hier für Digitalisierungsaktivitäten ein.

Kein Raum gleicht dem anderen, Sofas und Stühle wirken zufällig zusammengestellt, Kabel hängen von Wänden und Decken. Corporate Design, Arbeitssicherheit und sonstige Regelungen scheinen eher zweitrangig. Worauf es hier ankommt, ist der Austausch und das Netzwerken, das Erfahren und Ausprobieren. Wenn Kathy, im *betahaus* zuständig für Communications & Community, auf ihrer Tour durchs Haus den Besuchern die Räumlichkeiten zeigt, die Geschichte des Hauses erzählt und das Konzept von Transparenz und Lernen erklärt, springt der Funke der Begeisterung schnell auf die Besucher über – und beeindruckt nachhaltig. „So jemanden wie Sie bräuchten wir bei uns im Unternehmen", so ein Betriebsrat auf einer Exkursion im Herbst 2016. „Bei Ihnen spürt man das Engagement und den Spaß aus jeder Pore."

Der Einblick in eine Arbeitskultur wie diese entwickelt sich regelmäßig zum positiven Aha-Erlebnis der gesamten Exkursion für „Corporates", die es gewohnt sind, ihren Arbeitsplatz in Fensterachsen zu messen oder hinter geschlossenen Türen zu arbeiten. Erste Überlegungen, welche Aspekte dieser neuen Art des Arbeitens in die eigene Kultur und das eigene Führungsverständnis passen, setzen meist schon während des Besuchs ein.

#4 Anknüpfungspunkte für neue Ideen, das eigene Netzwerk und Kooperationen

Der Einblick in die Berliner Start-up-Szene und das Eintauchen in die Kultur wird für die Teilnehmer umso spannender, je näher die Idee und das Start-up am Handlungsfeld der eigenen Branche sind. So entsteht die Möglichkeit für die Teilnehmer, sich vom kreativen Geist anstecken zu lassen und schon während der Exkursion eigene Ideen für die Digitalisierung des Unternehmens zu generieren.

Durch die gemeinsame Erfahrung können die Teilnehmer Schlüsse für ihr Unternehmen ziehen, Anregungen für eine andere Form der Zusammenarbeit sammeln und überlegen, welche Aspekte des Gesehenen und Erlebten für das eigene Arbeitsumfeld und die digitale Transformation passen. Sie sind durch diese Reise bereits zum Teil der Digitalisierung geworden.

Ziel einer Start-up-Exkursion ist auch, schon vor und während der Reise mögliche Kooperationen auszuloten und gegebenenfalls bereits bei den Besuchen ein Netzwerk aufzubauen, das bei der digitalen Transformation genutzt werden kann. Mit einer Versorgungs- und Verkehrsgesellschaft aus dem Ruhrgebiet besuchten wir im Frühjahr 2016 ein Start-up, das eine neuartige Mobilitäts-App anbietet. Das Kennenlernen und der Austausch zwischen Vorstand und Gründern waren so intensiv, spannend und für alle Seiten gewinnbringend, dass dieses Angebot durch eine schnell folgende Kooperation in Kürze im Ruhrgebiet eingeführt wird.

Wenn eine Exkursion solche Kooperationen und eine langfristige Zusammenarbeit hervorbringt, ist die digitale Transformation im Unternehmen schon während des Besuchs in vollem Gange. Diese Erfahrungen machen eine solche „Learning Journey" zu einem nachhaltigen Ereignis.

Fazit

All diese Erfahrungen und Einblicke können weder Schulungen noch Fotos vermitteln. Das Erlebnis dieser Kultur, dieses Erfindergeistes, dieser Leidenschaft in der Zusammenarbeit setzt die Eckpfeiler einer solchen Exkursion. Durch die eigene Erfahrung werden die Teilnehmer zum Teil des Prozesses, bauen mögliche Unsicherheiten ab und merken: In und vor der Welt der Start-ups gibt es gar nicht so viel zu befürchten, aber viel zu lernen. Digitalisierung erscheint nach einer solchen Erfahrung nicht mehr als abstrakter Prozess – vielmehr ist sie Ausgangspunkt von einem neuen Engagement für Veränderung. „Schade, dass ich schon so alt bin. Hier würde ich gern arbeiten." Zitate dieser Art hören wir oft nach den Besuchen der einzelnen Start-ups. Und auch: „Jetzt müssen wir schnell überlegen, wie wir diese Atmosphäre auch in unsere Kultur einbringen können."

Die Vorbereitung und die Auswahl der Stationen für eine „Learning Journey", die diesen Namen auch verdient hat, sind das A und O. Eine Start-up-Exkursion muss individuell zugeschnitten und kuratiert werden, Erwartungen oder mögliche Vorbehalte der Teilnehmer sollten vorab abgefragt und adressiert werden. Wenn man den Veränderungsdruck für das Unternehmen verdeutlichen will, muss die Exkursion in Ablauf und Auswahl der besuchten Start-ups für das Unternehmen und die Kultur passen.

Willkürlich Start-ups zu besuchen, damit man eben mal eins gesehen hat, bringt weder den Unternehmen noch den Start-ups etwas. Dass immer mehr Unternehmen oder Agenturen bei den immer gleichen Inkubatoren und Start-ups anfragen, um einen Einblick in das Arbeiten und die Kultur zu gewinnen, hat inzwischen zur Folge, dass einige Unternehmen, wie die *google Factory,* keine Besuchsgruppen mehr zulassen. Andere rufen Summen zwischen 1000 und 10.000 € pro Besuch auf – im letzteren Fall inklusive Mittag- oder Abendessen mit den Verantwortlichen und Gründern.

Eine gute und gelungene Exkursion besucht Start-ups, die individuell für jede Gruppe und jedes Unternehmen ausgesucht sind und die für beide Seiten Kooperationsmöglichkeiten bieten. Eine Versorgungs- und Verkehrsgesellschaft hat andere Interessen als ein Unternehmensverband, ein Automobilzulieferer hat einen anderen Bedarf als ein Chemieunternehmen. Werden Ablauf und Stationen individuell auf die Unternehmen und Teilnehmer abgestimmt, dann erleben wir auf einer solchen „Learning Journey" die oben beschriebenen Phänomene und aus einer ersten Expedition in die Start-up-Kultur kann eine Zukunftsbewegung im Unternehmen werden.

Es gilt, dieses Momentum im Nachgang zu dem kurzen Eintauchen in diese neue Welt zu erhalten. Das gelingt durch eine fundierte Aufbereitung des Erlebten und die beherzte Befolgung des Start-up-Mottos: „Einfach mal machen!"

Literatur

Literatur zu Abschn. 5.1

Downs A (1957) An economic theory of democracy. Harper, New York

Franck G (1998) Ökonomie der Aufmerksamkeit. Hanser, München

Mast C (2014) Interne Unternehmenskommunikation: Mitarbeiter führen und motivieren. In: Zerfaß A, Piwinger M (Hrsg) Handbuch Unternehmenskommunikation. Springer Fachmedien, Wiesbaden, S 1121–1140

Literatur zu Abschn. 5.2

Houben A et al (2008) Veränderungen erfolgreich gestalten. C4 Consulting, Düsseldorf

Stahl J (2014) Wandel akzeptieren, Wandel bewirken – Die Rolle der Mitarbeiter bei der Strategischen Erneuerung. In: Krüger W, Bach N (Hrsg) Excellence in Change – Wege zur strategischen Erneuerung. Gabler, Wiesbaden, S 129–162

Literatur zu Abschn. 5.3

Baghai M, Coley S, White D (1999) The alchemy of growth: practical insights for building the enduring enterprise. Perseus, New York

Fricke D (2009) „Für einen Tag wäre ich gerne Barack Obama" – Interview mit Reid Hoffmann. Handelsblatt, 6. Februar, S 6

Keese C (2016) Silicon Germany: Wie wir die digitale Transformation schaffen. Knaus, München

Larman's Laws of Organizational Behavior (2013) http://www.craiglarman.com/wiki/index.php?title=Larman%27s_Laws_of_Organizational_Behavior. Zugegriffen: 11. Jan. 2017

Manifest für agile Softwareentwicklung (2001) http://agilemanifesto.org/iso/de/manifesto.html. Zugegriffen: 11. Jan. 2017

Weisbrod L (2014) „Ab ins Tal, die Zukunft spüren". Die Zeit, 31. Juli

Literatur zu Abschn. 5.5

Doll N et al (2016) „Silicon Valley ist der Ballermann der Tech-Szene“. https://www.welt.de/wirtschaft/article155792053/Silicon-Valley-ist-der-Ballermann-der-Tech-Szene.html. Zugegriffen: 31. Jan. 2017

Institut für Strategieentwicklung (IFSE) (2016) „Booming Berlin“ – Studie des IFSE über die Berliner Startup Szene. http://www.ifse.de/artikel-und-studien/einzelansicht/article/booming-berlin-studie-des-ifse-ueber-die-berliner-startup-szene.html. Zugegriffen: 31. Jan. 2017

LEAD/Mercator Capacity Building Center for Leadership & Advocacy (2016) LEAD Research Series: Mythos Start-up – Führungsimpulse für etablierte Unternehmen? https://www.lead.ngo/fileadmin/lead/Ideas/Studies/2016_Mythos_Start-up/Downloads/Studie_und_Uebersicht/LEADResearchSeries2016_MythosStartup_Studie-2.pdf. Zugegriffen: 31. Jan. 2017

Über die Autoren

Dr. Christina Afting, Deekeling Arndt Advisors in Communications GmbH, ist seit 2015 Director bei Deekeling Arndt Advisors und berät vor allem in den Bereichen Change & Leadership und Digitale Transformation. Zuvor war sie insgesamt acht Jahre bei der Axel Springer SE unter anderem als Leiterin Interne Kommunikation und Büroleiterin des *BILD*-Chefredakteurs tätig, wo sie die digitale Transformation des Unternehmens eng begleitete.

Nach einem Volontariat für Journalismus und PR beim Deutschen Zentrum für Luft- und Raumfahrt begann die promovierte Diplom-Biologin ihre berufliche Karriere in der Kommunikation von Sanofi-Synthelabo (heute Sanofi), gefolgt von ihrer Tätigkeit in der Unternehmenskommunikation der Schering AG. Hier verantwortete sie die unternehmensweite Interne Kommunikation während der Übernahme durch die Bayer AG.

Johannes Burr, Axel Springer SE, ist Head of HR Marketing & Change Management. Der Volljurist mit EMBA in Medienmanagement befasst sich seit Jahren vor dem Hintergrund des rasanten strukturellen Wandels der Medienbranche intensiv mit dem Transformationsprozess von Axel Springer vom ehemals traditionellen Medienunternehmen hin zum führenden digitalen Verlag und den sich daraus ergebenden Fragestellungen. Für den zertifizierten Scrum Master stehen dabei neben der Mitarbeiterbefähigung und der Begleitung von Veränderungsprozessen auch die Implementierung agiler Arbeitsweisen, Social Collaboration und Enterprise 2.0 im Fokus seiner Arbeit. Die aus seinem Bereich heraus initiierte Change-Management-Initiative „move“ wurde mit dem European Change Communications Award und dem HR Excellence Award ausgezeichnet. Seit 2015 verantwortet er darüber hinaus als Leiter Personalmarketing auch die Bereiche Employer Branding, Hochschulmarketing sowie die Einstiegsprogramme der Axel Springer SE.

Julius Kranefuss, ZWEIDREI Architekten GmbH und Dozent an der HWK Berlin, studierte bis 2007 Architektur an der Bauhaus Universität in Weimar und der Universitá degli Studi Roma Tre in Rom. Sein Studium schloss der Dipl.-Ing. in der Fachrichtung Architekturtheorie mit einer mit „summa cum laude“ ausgezeichneten Arbeit zum Thema Integration klassischer Harmonien und Proportionen ab. Ihn interessieren interdisziplinäre Ansätze, Fragen nach der Auswirkung neuer Medien auf Architektur und Produktdesign sowie die integrale Anwendung des ökologischen Bauens, der Energieeffizienz und integrativer Gebäudetechnik.

Von Kindheit an beschäftigte sich Kranefuss mit zeitgenössischer Kunst und Architektur. Er jurierte den lettischen Architekturpreis, war in internationalen und renommierten Büros wie z. B. Koolhaas, Fuksas, Ingenhoven und Dudler tätig. Er lebt und arbeitet als Architekt sowie als Sachverständiger Energieberater für Baudenkmäler in Berlin. Seit 2010 ist er dort Inhaber des jungen Büros ZWEIDREI Architekten GmbH und außerdem Dozent an der HWK Berlin.

Sirka Laudon ist Diplom-Psychologin und bestimmte zunächst als Direktorin Strategische Planung in verschiedenen internationalen Werbeagenturen die Strategien großer Marken. Danach war sie acht Jahre bei der Otto GmbH & Co. KG in Hamburg im Marketing und in verschiedenen Führungspositionen in den Bereichen Vertrieb und Personal tätig. Im Jahr 2011 wechselte sie zu Axel Springer. Seit März 2017 ist sie Geschäftsführerin Personal bei der Deutschen Bahn Vertrieb. Aus der Verbindung von Marketing und Personal bringt sie kreative und innovative Impulse mit, die vom Change-Management bis hin zum Kulturwandel für moderne und strategisch weitreichende Personalarbeit stehen. Das Fachmagazin der Kreativbranche, *W&V – Werben & Verkaufen*, wählte sie 2012 auf Platz 50 der 100 Topmanager der Kommunikationsbranche.

Stephan Rammelt, Deekeling Arndt Advisors in Communications GmbH, ist Managing Director und Leiter des Beratungsteams Change & Leadership/Digitale Transformation bei Deekeling Arndt Advisors. Die Beratungsschwerpunkte des diplomierten Soziologen sind Digitale Transformation, Strategievermittlung, Restrukturierungen sowie Integrationsprozesse. Zu seinen Arbeitsschwerpunkten gehören die Gestaltung der Führungskräftekommunikation, die Konzeption und Umsetzung von Maßnahmen zur Mitarbeitermobilisierung und -einbindung sowie die Entwicklung von Formaten agiler Zusammenarbeit und Führung. Vor seiner Tätigkeit bei Deekeling Arndt Advisors war er Teamleiter Corporate bei A&B One und Berater beim Institut für Organisationskommunikation (IFOK).

Thomas Voigt, Otto Group, ist seit 2004 Head of Corporate Communications der weltweit tätigen Unternehmensgruppe mit Sitz in Hamburg. Der 57-Jährige hat die Branche lange Jahre als Journalist begleitet. Nach dem Studium der Kommunikationswissenschaften und Betriebswirtschaftslehre begann Voigt seine berufliche Laufbahn als Volontär und später als Redakteur bei *W&V – Werben & Verkaufen*. Er betrieb von 1984 bis 1988 ein Redaktionsbüro und eine Werbeagentur. Von 1989 bis 1997 war er Chefredakteur von *W&V* und später von *HORIZONT*. Von 1997 bis 2004 betreute er als Chefredakteur das Unternehmermagazin *Impulse* und später zusätzlich das junge Wirtschaftsmagazin *BIZZ*. Der Handels- und Kommunikationsexperte wurde mit dem renommierten Preis „PR-Professional des Jahres“ des *PR Report* ausgezeichnet. Für einen Beitrag über Unternehmenskommunikation im Zeitalter von Social Media wurde er bereits 2010 von *W&V* zum „Zeichensetzer des Jahres“ gekürt.

Unternehmensmarke und digitale Transformation

6

Klaus Heiermann und Felix Stöckle

Zusammenfassung

Ausgangspunkt und Treiber der digitalen Transformation ist ein grundsätzlich verändertes Kundenverhalten. Neue Ansprüche, Erwartungen und Verhaltensweisen von Kunden machen es für Unternehmen notwendig, die Beziehung zu ihren Kunden neu zu gestalten und alles darauf auszurichten – online wie offline. Customer Journey und Customer Experience stehen beispielhaft für das Primat der Kundenzentrierung in der digitalen Transformation. Damit gewinnt auch die Unternehmensmarke eine neue Relevanz, wobei die Grenzen zwischen Markenführung, Marketing und Unternehmenskommunikation zunehmend verschwimmen. Klaus Heiermann zeigt anhand der Versicherungsbranche und der ARAG Versicherung, worin die Bedeutung von Marken in der digitalen Welt liegt und worauf es bei einer erfolgreichen Markenführung ankommt. Und der Markenexperte Felix Stöckle beschreibt im Rahmen von vier Hypothesen den Paradigmenwechsel weg vom klassischen Corporate Branding, hin zu einem zeitgemäßen Stakeholder Experience Management.

K. Heiermann (✉)
ARAG SE, Düsseldorf, Deutschland
E-Mail: klaus.heiermann@arag.se

F. Stöckle
Berlin, Deutschland
E-Mail: fstoeckle@betaisthenewnormal.com

E. Deekeling und D. Barghop (Hrsg.), *Kommunikation in der digitalen Transformation,* DOI 10.1007/978-3-658-17630-3_6

6.1 Marken sind digitales Gold

Klaus Heiermann

Es sind diese kleinen Dinge, die richtig nachdenklich machen können. Vor Jahren, als meine Kinder noch nicht davon überzeugt waren, dass sie Erwachsenen in allen digitalen Angelegenheiten turmhoch überlegen sind, kamen sie auf eine bemerkenswerte Fragestellung: „Wie seid Ihr eigentlich früher ins Internet gekommen, als es noch keine Computer gab?“ Es bringt wenig, über die nahezu genialen Abgründe dieser Frage zu philosophieren. Halten wir einfach fest, dass wir in einer Zeit leben, in der ernst zu nehmende Menschen heranwachsen, die mit einer digitalen Welt völlig anders umgehen, als wir es heute tun. Das ist der Lauf der Dinge und das ist auch gut so.

Zugleich erleben wir, dass komplette ökonomische Systeme von der Sorge umgetrieben werden, durch diesen Lauf der Dinge untergepflügt zu werden. Damit verbunden ist nicht nur die Suche nach neuen Geschäftsmodellen, sondern auch die Rückbesinnung auf klassische Stärken, die auch in der digitalen Transformation eine hohe – und mitunter sogar wachsende – Bedeutung haben.

Auf den ersten Blick: Nur Handlungszwänge für IT und Prozesse
Es liegt ganz in der Natur der Sache, dass die neuen Herausforderungen zu einem technischen Wettbewerb führen. Über Jahre hinweg fristeten IT-Einheiten in den Unternehmen das Dasein einer ungeliebten, aber letztlich notwendigen Service-Truppe – mehr geduldet als wirklich gewürdigt. Ziemlich unvermittelt hat sich diese Situation gewandelt. IT-Manager müssen nunmehr Antworten auf die digitale Herausforderung liefern und sie reagieren schnell. Investitionen können nun leichter für die geschundene IT eingefordert werden, um Alt-Systeme endlich abzulösen. Für die IT-Industrie ist die Digitalisierung ein Segen zur rechten Zeit. Die Zukunft wird zeigen, ob Unternehmen an diesem Punkt auch richtig investieren.

Wesentlich mehr Kopfzerbrechen bereitet die Digitalisierung der unternehmerischen Organisationslehre. Unternehmensorganisationen sind darauf ausgelegt, neue Herausforderungen zunächst zu relativieren, dann zu prüfen und schließlich zu entscheiden. Je nach Unternehmenskultur nimmt dies viel oder wenig Zeit in Anspruch. Auch ist die Entscheidungsfreude eines Unternehmens von Land zu Land sehr unterschiedlich.

Klar ist, dass Digitalisierung defragmentierend und integrierend wirkt, um es einmal positiv auszudrücken. Kommunikationsmanager wissen aus dem Bereich der Social Media, dass ihr Antwortverhalten dadurch komplett auf den Kopf gestellt wurde. Auf einen kritischen Post kann niemand mehr mit einem zunächst selbstabsichernden Vorstandsvermerk reagieren. Quer durch die Hierarchie ist selbstverantwortliches Handeln gefragt. Wenn dafür die eigene Kompetenz nicht ausreicht, was keine Schande ist, dann muss der eigentliche Kompetenzträger die Antwort direkt liefern. Das gilt für den weitaus größten Teil der Kommunikation im Social-Media-Bereich, der sich vorwiegend in der Kundenkommunikation abspielt. Wenn onlineaffine Service-Mitarbeiter diese Posts beantworten, ist das Problem meist schnell gelöst und der Kunde hat eine Antwort. Das Kommunikationsmanagement kann sich als Eskalationsstufe für Härtefälle zurückhalten und beschränkt sich auf die Qualitätssicherung.

Sind Sie innovativ oder brauchen Sie ein Lab? Unternehmenskultur entscheidet über den Erfolg

Das Beispiel verdeutlicht, dass Digitalisierung in einer Organisation über mehrere Schnittstellen hinweg Konvergenzen schafft. Das übt Druck auf Prozesse und Strukturen aus, mit denen Unternehmen unterschiedlich umgehen. Besonders beliebt ist das Einrichten sogenannter Labs; also Entwicklungseinheiten, die sich für ein Unternehmen digitale Geschäftsmodelle einfallen lassen. So versuchen Unternehmensleitungen die strukturellen und ideellen Schwächen ihrer eigenen Organisation zu umgehen, um digitale Initiativen zu entwickeln. Hier zeigt sich ganz anschaulich, dass die digitale Transformation nicht nur ein IT-Thema ist, sondern in ganz besonderem Maße vor allem Strukturen und Prozesse einem massiven Konvergenzdruck aussetzt. Die Ausgründung von Innovationsleistungen in unternehmensgebundene Labs erscheint daher nur konsequent. Die Frage ist allerdings, ob sich dort entwickelte Innovationen dann einfach in die bestehende Unternehmensorganisation implantieren lassen. Hier ist sicherlich Skepsis angebracht.

Ein reiner Fremdimport von Innovationsleistungen von einem Lab in ein Unternehmen führt letztlich zu Machtdemonstrationen und Reaktanz auf beiden Seiten. Eine digitale Transformation bleibt so bereits im Ansatz stecken. Innovationsstarke Unternehmen zeichnen sich demgegenüber dadurch aus, dass sie Neuerungen innerhalb ihrer bestehenden Strukturen schaffen und realisieren können. Diese Organisationen sind darauf ausgerichtet, Innovationen zu transportieren und auszuprobieren.

Sicherlich hat erfolgreiche digitale Transformation etwas mit Unternehmenskultur zu tun. Das ist für die meisten Unternehmen eine bittere Erkenntnis. Nicht, weil die individuelle Unternehmenskultur das nicht sogar zulassen würde, sondern weil eine Erweiterung oder Ergänzung dieser jeweiligen Kultur zunächst Geduld braucht. Wenn dann aber die Unternehmenskultur diese Herausforderung auf- und annimmt, werden die darauffolgenden Entwicklungen dynamisch verlaufen.

Konvergenzdruck fordert Markenbildung

Eine Veränderung der Unternehmenskultur ist aber auch der zentrale Ausgangspunkt für jede Form der Markenbildung. Diese Markenbildung ist in der digitalen Transformation essenziell. Markenbildung ist der weitgehend unterschätzte Erfolgsfaktor in Zeiten der Digitalisierung. Der Grund dafür ist verblüffend simpel: Was sehen wir, wenn wir unser Smartphone oder Tablet aktivieren? Eigentlich eine Fülle von Apps. Genauer gesagt sehen wir eine Fülle von Markenlogos, hinter denen sich Apps verbergen. Ich drücke auf eines dieser Logos und verschaffe mir so den direkten Zugang zum Service-Angebot des jeweiligen Anbieters. Das ist Markenmechanik pur. Ganze Generationen von Wissenschaftlern haben sich abgemüht, der weitgehend BWL-geprägten Marketinglehre die Bedeutung von Markenfunktionen und ihren strategischen Nutzen einzubläuen.

Der kurze Blick auf ein portables Gerät klärt uns viel schneller als jede wissenschaftliche Abhandlung darüber auf, was eine gute Marke leisten muss: Marke ist direkte Kundenkommunikation. Das Erste, was ein Unternehmen einem Verbraucher mitteilt, wird durch seine Marke vermittelt. Hochverdichtet, emotional und äußerst effizient zeigt eine Marke den Menschen in Sekundenbruchteilen, wofür sie steht. Starke Marken sind immer bedeutsam und lösungskompetent. Eine moderne Marke betrachtet ihre externen Stakeholder nicht als eine Ansammlung von eindimensionalen Konsumenten, sondern als Menschen, die in ihrem Konsumverhalten nach Sinn und Bedeutsamkeit suchen. Das Antippen eines App-Logos macht für den Nutzer Sinn, weil er dahinter nach Antworten sucht. Je schneller und effizienter dem Nutzer dabei durch die App weitergeholfen wird, umso intensiver und positiver ist das Markenerlebnis. Diese Marke wird dann für den Verbraucher bedeutsam.

Vor diesem Hintergrund darf man zudem nicht vergessen, dass die digitale Transformation ein kundengetriebener Prozess ist. Die Kunden ändern ihr Konsum- und Nutzungsverhalten. Das hat eine ungleich stärkere Relevanz für eine Marke als eine zum Beispiel kostengetriebene Prozessoptimierung.

Dieser ganze markenstrategische Kosmos – hier nur bruchstückhaft beschrieben – schnurrt in der digitalen Anwendungswelt auf ein Fingertippen zusammen. Man möchte anfügen: „und wird so unsichtbar". Die Unmerklichkeit dieser digitalen Markenbedeutung wird vor allem für etablierte und augenscheinlich gefestigte Branchen zu einer großen Stolperfalle.

Ein Beispiel: Vorstand A trifft Vorstand B im Golfklub an der Bar (es hat stark geregnet). Man tauscht sich aus über die neuen Wichtigtuer aus der digitalen Ecke. Vorstand C kommt dazu, hört kurz hin und präsentiert kommentarlos auf dem neuesten Smartphone (letzte USA-Reise, Gerät hoffentlich verzollt) eine App seines Unternehmens. Vorstände A und B mischen unverzüglich ihre eigenen Truppen auf, dass man so etwas auch braucht. Gesagt, getan. Schnell wird eine Dienstleistung aus dem eigenen Sortiment in einer App programmiert. Das ist Projektarbeit und kostet etwas Zeit. Am Ende, die Zeit wird knapp, eventuell steht die nächste Golfrunde vor der Tür, taucht unvermittelt die Frage auf, wie das Ding aussehen soll? Egal, der Programmierer hat da so seine Ideen. Das geht schnell und kostet nicht viel – Hauptsache, der Chef erkennt es wieder und seiner Frau gefällt die Farbe. Das ist dann der Zeitpunkt, an dem der eigentlich Markenverantwortliche nach einer kurzen Ohnmacht Literatur über das Führen einer Zweitmarke studiert, um das Ganze noch nachträglich zu einem besonders pfiffigen Schachzug zu erklären.

Das mag ein überzeichnetes Bild sein, aber das vermeintlich Unmerkliche, immer Dagewesene einer Marke erscheint gerne als wertlos. Gerade alteingesessene, etablierte Marken leiden unter der Unmerklichkeit ihres echten Wertes. An diesem Punkt wird ihre Bedeutung von der eigenen Organisation grandios unterschätzt. In einer digitalen Transformation ist dies fatal. Alles erscheint zunächst wichtiger: Die IT braucht ein neues Investitionsprogramm, Prozesse müssen reorganisiert werden. Die erforderlichen Veränderungsschritte werden auf eine verblüffend selbstverständliche Weise weitgehend von innen heraus „gedacht". Die Organisation stellt sich vor, was der digitale Nutzer von ihr erwarten kann, und handelt danach. Das ist sicher nicht verkehrt. Es ist aber der zweite und dritte Schritt, bevor der erste Schritt überhaupt gemacht ist – und dieser erste Schritt ist eine klare markenstrategische Ansage. Schließlich will der Kunde einfach nur auf das richtige Markenzeichen tippen. Unternehmen, die sehr genau wissen, was ihre Marke ausmacht, sind hier klar im Vorteil. Ist die Marke nur ein Design-Element oder vermittelt sie ein durchgängig kommuniziertes Leistungsversprechen? Sind Marken- und Unternehmensstrategie sauber aufeinander abgestimmt? Besitzt die Marke schon eine relevante Zielgruppe im digitalen Umfeld oder muss hier zunächst Aufbauarbeit geleistet werden? Das sind zunächst grundsätzliche Fragen für eine wirksame Markenbildung.

Start-ups in der Tech-Szene profitieren davon, dass ihre Leistungsangebote und ihre Marke untrennbar verbunden sind. Die Marke ist Leistung und Mehrwert in einem. Ihr Erfolg besteht daher nicht darin, dass sie bessere Services oder Produkte bieten. Oftmals ist das gar nicht Fall. Start-ups leben von ihrer digitalen Markenbildung, die sie glaubwürdig mit ihrem Service-Angebot verknüpfen. Dabei bauen sie Hochleistungsmarken auf, die sogar kategoriebildend wirken können.

Für etablierte Industrien bedeutet dies etwas sehr Naheliegendes. Die Phase der digitalen Transformation ist die einmalige und große Chance, die entstehenden Schnittstellen zum Verbraucher markenstrategisch neu zu besetzen.

Versicherungswirtschaft: Beispiel für markenstrategischen Handlungsdruck

Dies gelingt dann am besten, wenn eine Industrie ihren wahren Wert in digitalen Märkten erkennen kann. Kehren wir kurz zum ganz zu Beginn erwähnten Lauf der Dinge zurück und werfen eine Branche in diese Zeitmaschine, die nicht unbedingt im Ruf steht, sich stets dynamisch zu entwickeln. Unsere Wahl fällt dabei auf die Versicherungswirtschaft.

Was passiert also in diesem Lauf der Dinge mit einer Industrie, deren Geschäftsmodell darin besteht, ganze Lebenswelten durch Daten so umfassend wie möglich abzubilden? Genau dies leistet die Versicherungswirtschaft. Sie kann sogar viel mehr. Die Assekuranz kennt die Risiken, die Menschen und Unternehmen weltweit eingehen. Sie verfügt gewissermaßen über den negativen Gipsabdruck einer positiven Welt und weiß daher im Detail, wie diese Welt aussieht. Zudem kann ein Versicherer diese Daten auch noch prognostisch auf die Zukunft hochrechnen.

Ein Versicherungsangestellter zuckt hier nur mit den Schultern. Ja und? Das ist sein Tagesgeschäft. Aus dem Blickwinkel der digitalen Welt ist diese Kompetenz der Hammer. Die Assekuranz sitzt auf einem unermesslichen Schatz. Die Währung der Zukunft sind nicht Dollar, Euro oder Renminbi, sondern Daten und noch einmal Daten. Smartphone-Hersteller beschäftigen sich damit, Verbrauchern ein Auto für einen bestimmten Zeitraum zur Verfügung zu stellen – unter der Bedingung, dass die Autofahrer ihre

Nutzer- und Bewegungsdaten dem Autoanbieter überlassen. Das ist ein durch und durch plausibles digitales Geschäftsmodell.

Wenn wir eine solche Idee auf die Assekuranz projizieren, wird es spannend: Was machen wir, wenn es Unternehmen gibt, die Versicherungsleistungen extrem günstig oder sogar kostenfrei anbieten, nur mit dem Ziel, die daraus extrahierten Kundendaten zu vermarkten? Die Idee, Daten von Versicherungskunden extensiv als eigenes Geschäftsmodell zu nutzen, um die Wertschöpfungskette profitabel zu verlängern, ist aus Branchensicht undenkbar und mit zahlreichen rechtlichen Hürden versehen. Damit öffnet sich eine Art „toter Winkel" durch Denkverbote und damit aus digitaler Perspektive unternehmerisch attraktiver Handlungsraum. Kaum eine Industrie hat über Jahrzehnte ein solches Wissen über Menschen angesammelt wie die Versicherungswirtschaft. Dieser Schatz wird irgendwann gehoben, fragt sich nur, durch wen.

Eine Horrorvorstellung? Was würden Sie dafür tun, um zum Beispiel sehr günstig Gesundheitsschutz und/oder umfassende Rechtssicherheit für sich selbst und Ihre Familie in Anspruch nehmen zu können, wenn Sie dafür (nur) Daten einem Datenpool zur weiteren Nutzung zukommen lassen müssen?

Zwangsläufig führt das zur Frage, was die Versicherer tun können, um ihr Geschäftsmodell besser abzusichern. Derzeit handeln sie richtig: Die Unternehmen überprüfen ihre Wertschöpfungsketten sowie die Schnittstellen zum Kunden und entwickeln digitale Lösungskonzepte. Die Branche überbietet sich darin, dem Verbraucher einen digitalen roten Teppich auszurollen.

Starke Marken immunisieren gegen die Vertreibung aus dem eigenen Geschäftsmodell durch Techs

Hier erwächst der Assekuranz aber auch gleichzeitig das eigentliche Problem. Indem die Versicherer ihre Leistungen digitalisieren, senken sie im selben Atemzug die Eintrittsbarriere für neue digitale Mitspieler, um in diesen Markt zu gelangen. Das ist das Grundprinzip der Digitalisierung: Sie räumt Marktbarrieren zur Seite und öffnet Märkte für völlig neue Akteure und andere Geschäftsmodelle. Dieser Zielkonflikt wird dadurch verschärft, dass die Wertschöpfungskette der Versicherungsunternehmen in einem hohen Maße austauschbar ist. Produktentwicklung, Schaden- und Bestandsmanagement sowie Vertrieb sind nicht nur aus digitaler Sicht relativ fungibel. Es sind veräußerbare Elemente aus der Fertigungstiefe der Assekuranz, die auch durch Dritte durchgeführt werden können.

Genau diese Situation erleben wir aktuell durch das Entstehen von Fintechs bzw. Insuretechs. So paradox es klingen mag: Die derzeit aktiven Insuretechs sind nicht die eigentliche Herausforderung – und „disruptiv" sind sie auch nicht. Sie bewegen sich innerhalb der vorhandenen Wertschöpfungsketten und „kopieren" bekannte Leistungen. Möglicherweise sind sie nur die Vorhut für die eigentlichen „Sprengmeister" einer etablierten Industrie. Diese Akteure kommen nicht aus dem Fintech-Hobbykeller. Sie können Geschäftsmodelle wie das der Versicherungswirtschaft knacken, weil sie es für ihre Wertschöpfung nicht zwingend brauchen. Für sie sind (Versicherungs-)Leistungen nur

Mittel zum Zweck, um an vermarktbare Daten zu gelangen. Das jedenfalls wäre ein disruptiver Ansatz, der auch mal diesen Namen verdient.

Dieser Ansatz hat seinen Charme, weil er völlig universell ist. Das heißt: Er gilt für viele Branchen, in denen Daten erhoben werden. So beschäftigt sich die Automobilindustrie mit diesen Fragestellungen. Hier dreht sich ebenfalls vieles um die Frage, was mit einer Fahrspaß-Industrie passiert, wenn Autofahren künftig vorwiegend dazu dient, Daten zu sammeln – also ebenfalls nur noch als nüchternes Mittel zum Zweck innerhalb einer grundlegend anders konstruierten Wertschöpfungskette fungiert. Markenstrategisch ist das aber ein sehr spannender Gedanke, weil er den Markenkern jedes Automobilherstellers umdefinieren kann.

Zurück zu unserem Assekuranz-Beispiel. Es erscheint sinnvoll, dass sich diese Industrie sehr zügig auf die Suche nach möglichst unveräußerlichen Assets macht, die die Unternehmen ein Stück weit schützen und mehr als verdeutlichen, wofür sie stehen. Ganz oben auf dieser Liste steht das Thema Marke. Wenn wir Marke als „promise of future income" definieren und auch so verstehen, haben wir eine gewisse Chance, nicht aus unseren eigenen Geschäftsmodellen vertrieben zu werden.

Dies mag für versicherungstechnisch gestählte Manager esoterisch klingen – ist aber nichts anderes als die elementare Voraussetzung für effiziente Kundenbindung. Die Vorteile effizienter Markenbildung wiegen schwer: Kein Dritter wird es wirklich schaffen, sich zwischen eine starke Marke und den Verbraucher zu drängen. Das gilt umso mehr in einem digitalen Umfeld, in dem Datensicherheit ein zunehmend bedeutsamer Faktor ist. Versicherungsmarken können nicht zuletzt aufgrund ihrer straffen Regulierung vor allem dort Vertrauen aufbauen, wo es um Datensicherheit geht.

Die Digitalisierung bietet auch der Assekuranz eine große Chance, ihre Kommunikationsbemühungen und Kundenbindung sehr effizient völlig neu zu gestalten. Die extreme Medienvielfalt erlaubt eine stark persönliche, individuell zugeschnittene Kundenkommunikation. Darauf müssen auch in der Versicherungswirtschaft die Markenwelten eingehen, um den Menschen, die eine Lösung für ihre Bedürfnisse suchen, ein verbindliches Markenerlebnis zu verschaffen.

Wer überleben will, muss Marken- und Kommunikationsmanagement verschmelzen

Soweit bewegen wir uns im Feld der grauen Theorie. Wie lässt sich dieses markenstrategisch gut gefüllte Lastenheft praktisch umsetzen? Es zeichnet sich ab, dass der digitale Konvergenzdruck auf Prozesse und Strukturen auch vor den Verantwortlichen für Marke und Kommunikation nicht Halt macht. In der digitalen Transformation ist die funktionale Trennung von Marketing und PR nicht aufrecht zu erhalten. Durch den Konvergenzdruck werden die vier Content-Dimensionen aus „earned", „paid", „owned" und „social" Content immer stärker ineinander geschoben und bilden so wachsende Bereiche der Überlappung.

Diese wachsenden Überlappungsbereiche sind weder die exklusiven neuen Siedlungsgebiete der PR noch des Marketings. Beide Einheiten kämen dort mit ihrem jeweils angestammten Instrumentenkasten nicht weit, weil die gesamte Kommunikationsleistung eines Unternehmens abgebildet werden muss. Ein weitgehend betriebswirtschaftlich definiertes Marketing als reine Verkaufsunterstützung würde ebenso scheitern wie ein Pressebereich, der sich die Traditionen eines normativ beschreibenden Journalismus zurücksehnt. Beide, bislang oftmals deutlich getrennte, Organisationseinheiten können nicht als autarke Multifunktionswerkzeuge eingesetzt werden, auch wenn dies gerne angenommen wird.

Letztlich wird die digitale Transformation in Marketing und Kommunikation den Integrationsdruck verstärken. Die Grenzen zwischen den verschiedenen Media-Formen verschwimmen zunehmend. Die Zukunft wird daher nicht den klassischen Marketing- oder PR-Fachleuten gehören, sondern denjenigen, die in der Lage sind, formatübergreifend Communitys zu organisieren.

In US-Unternehmen wird in diesem Zusammenhang gerne auch der Begriff der Influencer Relations benutzt. Das klingt für deutsche Ohren etwas konspirativ, trifft das künftige Rollenverständnis in integrierten Marketing- und Kommunikationsbereichen aber recht gut. Es wird darum gehen, wesentliche Stakeholder – Influencer sind letztlich nichts anderes – davon zu überzeugen, dass Markenversprechen und Markenreputation nicht auseinanderklaffen. Die sehr schmerzhafte und teure Entzauberung eines Markenmythos geschieht durch aktive Einflussnehmer, die über divergente Medienwege ganz konvergente Botschaften vermitteln. Die klassische Kommunikationsorganisation betrachtet zwar die einzelnen divergenten Medien. Wenn aber über diese verschiedenen Informationswege ein konvergenter Content auf ein Unternehmen zurauscht, dann mag man dies in einer fragmentierten Organisationsstruktur noch halbwegs frühzeitig erkennen. Eine angemessen schnelle und ebenfalls konvergente Reaktion bleibt in der Regel im strukturellen Zuständigkeits-Klein-Klein stecken.

Diese Mechanik bietet aber auch Chancen, denn diese Straße lässt sich auch in die andere Richtung befahren. Das heißt: Wenn eine Marke gestärkt und neu ausgerichtet werden soll, dann geschieht dies mit konvergenten Botschaften für unterschiedliche Stakeholder, die über eine divergente Informationslandschaft transportiert werden. Heute rennen Marketing- und Kommunikationsverantwortliche aus ein und demselben Unternehmen auf dieser Straße um die Wette oder auch kreuz und quer, um als möglichst Erster seine jeweiligen Stakeholder zu erreichen und das mit oftmals unterschiedlichen Aussagen. Effizient ist das nicht.

Diese Diskrepanz zwischen einer divergenten, nach Kommunikationskanälen definierten Kommunikationsorganisation und einem konvergenten Content kann erklären, warum kleinere Unternehmen in der digitalen Transformation effizienter agieren können als Großkonzerne. Kleinere Einheiten können sich leichter integriert aufstellen und so ihre Organisation auf ihre Stakeholdergruppen und Influencer ausrichten. Es ist daher nicht wirklich verwunderlich, dass eine kleine, digital schlagkräftige Einheit so online Markenwerte schaffen kann, die an Werte etablierter Offline-Marken heranreichen oder diese sogar noch übertreffen. Diese Unternehmen beherrschen das Wechselspiel aus Kanal-Divergenz und Botschaften-Konvergenz. Sie handeln zielgerichtet, reaktionsschnell und mit klaren Botschaften, sodass jeder etablierte Anbieter aufgrund seiner strukturellen Nachteile das Nachsehen hat.

Digitale Transformation gefährdet auch Technologie-Marken
Spannend wird es, wenn Start-ups bzw. Tech-Unternehmen selber in diese strukturellen Nachteile hineinwachsen. Teilweise lässt sich schon beobachten, dass große Tech-Konzerne in absehbare Reputationsprobleme für ihre Marke hineinlaufen. Markenversprechen und Markenreputation kommen in ein Ungleichgewicht. Der Markenmythos wackelt. Konkret ist dies bei führenden Techs schon zu beobachten. Der aktive Schutz von Persönlichkeitsrechten im Netz gewinnt eine immer stärkere Bedeutung. Die Tech-Industrie reagiert darauf aber eher zaghaft, weil sie bereits sehr strukturkonservativ handelt. „Wer von der Zielgruppe Kinder und Jugendliche in seinem Geschäftsmodell profitiert, muss auch die Verantwortung übernehmen, um diese Gruppe vor negativen Entwicklungen im Netz zu schützen“, diese immer lauter werdende politische Forderung dürfte nach und nach eine kommunikative Dynamik entwickeln. Hier scheint eine Adjustierung der Markenstrategie geboten, bevor die ersten ordnungspolitischen Keulenschläge zu erwarten sind – eine sehr spannende Entwicklung. Zurzeit arbeiten die vermeintlich ultra-modernen Tech-Unternehmen mit kommunikativen Reaktionsmustern, die an die Arbeitsweise der Zigarettenwirtschaft in den 80er Jahren des letzten Jahrhunderts erinnern.

Die Markenbildung dieser Techs ist augenscheinlich in der Start-up-Phase stecken geblieben. Sie sehen sich gerne als agile, freche Umstürzler, arbeiten aber längst als globale Industrie-Unternehmen und werden sogar vermehrt zu Synonymen für eine neue Form des „digitalen Kapitalismus“ herangezogen. Hier ist es nur eine Frage der Zeit, bis sich ein abgehobener Markenmythos bildet, der den Bestand einer Marke ernsthaft gefährdet.

Wir können festhalten: Die digitale Transformation setzt nicht nur Offline-Industrien zu, sondern auch den arrivierten Online-Techs, denen die Offline-Industrien so beherzt nacheifern. Dieser Zirkelschluss irritiert. Schließlich ist das Nacheifern und sogar das Imitieren der Techs aktuell der stärkste Impuls in der strategischen Auseinandersetzung mit der Digitalisierung.

Es spricht vieles dafür, dass Unternehmen mit einer solide verankerten Markenbildung die beste Mischung aus Widerstandsfähigkeit und Offenheit mitbringen, um die digitale Transformation erfolgreich anzugehen. Sie können mit dem Veränderungsdruck am besten umgehen, weil sie den dazu erforderlichen Dreiklang aus Unternehmenskultur, Markenbildung und Unternehmensstrategie beherrschen.

Kurzum: Unternehmen reagieren auf die digitale Transformation mit einer umfassenden Digitalisierung ihrer angestammten und oft genug austauschbaren Wertschöpfungsketten. IT und Organisation werden entsprechend auf Digitalisierungskurs gebracht. Damit wird die Eintrittsschwelle für jede Art von digitalen Anbietern in die jeweilige Branche herabgesenkt. Die digitale Transformation ist damit zunächst der Türöffner für branchenfremde Anbieter. Einmal dort angekommen kann jedes Tech-Unternehmen angestammte

Wertschöpfungsketten übernehmen und Kundenschnittstellen besetzen, wie man es am Beispiel der Assekuranz recht gut aufzeigen kann. Starke und glaubwürdige Marken bieten eine praktisch einmalige Immunisierung gegen diese Austauschprozesse.

Zugleich gelingt es durch klare markenstrategische Weichenstellungen, Unternehmen in der digitalen Transformation erfolgreich zu positionieren, um selber Teil eines erfolgreichen Entwicklungsprozesses zu werden. Nichts demonstriert eine stärkere Marktkompetenz als eine glaubwürdige Markenstrategie mit einem einlösbaren Markenversprechen, das sich in Einklang mit der Unternehmensstrategie befindet.

Wir können es drehen und wenden, wie wir wollen: Markenstrategische Handlungsfähigkeit ist der am stärksten unterschätzte Erfolgsfaktor in den Digitalisierungsbestrebungen für praktisch jede Branche. Wenn Unternehmen sicherstellen wollen, dass ihr Geschäft auch künftig in ihrer Industrie bleibt und sie nicht von branchenfremden Techs aus ihrem Geschäftsmodell vertrieben werden, dann sind stark positionierte Marken klar im Fokus. Moderne Markenstrategie schafft Relevanz, Bedeutsamkeit und Kundenbindung.

Dazu sind aber auch ein Umdenken und ein neues Rollenverständnis in den Kommunikations- und Marketingbereichen erforderlich. Der Veränderungsdruck, der auf den Unternehmen lastet, macht aus der tradierten, aber strategisch unreflektierten Trennung von wesentlichen Kommunikationswegen absehbare Sollbruchstellen.

Henry Ford wird der Satz zugeschrieben: „Wer immer nur das tut, was er schon kann, wird immer das bleiben, was er ist." Die Beschäftigung mit der digitalen Transformation wird den Horizont unserer Markenwelten erweitern und unsere Kunden werden davon profitieren.

6.2 Corporate Branding im digitalen Zeitalter – Vom Mission Statement zur Stakeholder Experience

Felix Stöckle

Welche Rolle spielen Unternehmensmarken im 21. Jahrhundert? Welchen Veränderungen müssen sie in einer sich nachhaltig verändernden Welt gerecht werden? Welche Auswirkungen hat die digitale Transformation dabei auf den Prozess der Markenführung selbst? Müssen alte Paradigmen über den Haufen geworfen werden? Ergeben sich durch die Digitalisierung ganz neue Möglichkeiten? Bietet das digitale Zeitalter am Ende Unternehmen die Chance, sich neu zu erfinden und vollkommen neu zu positionieren?

So viel vorab: Die grundsätzliche Rolle von Unternehmensmarken und die Gesetzmäßigkeiten einer erfolgreichen Markenführung haben sich durch die digitale Transformation nicht verändert, wohl aber deren Prozesse, Instrumente und Möglichkeiten – und das fundamental.

Betrachtet man die Auswirkungen der Digitalisierung auf die Unternehmensmarke, gilt es deshalb, grundsätzlich zwei Ebenen zu unterscheiden:

1. **Marken-Positionierung:** Wofür möchte ich als Unternehmen in einer sich verändernden Welt stehen? Was prägt meine Identität? Also die Schnittmenge des eigenen Anspruchs mit den Bedürfnissen der Stakeholder des Unternehmens.
2. **Marken-Management:** Was sind die Strategien, Herangehensweisen und Methoden, um dieses Ziel zu erreichen und den sich stellenden Herausforderungen zu begegnen? Also das Instrumentarium für eine erfolgreiche Markenführung im 21. Jahrhundert.

Was bleibt ... – Die Rolle der Unternehmensmarke als identitätsstiftender Anker
Schon immer war die Unternehmensmarke der Ausdruck und zentrale Anker der Identität eines Unternehmens im Verhältnis zu seinen Bezugsgruppen. Dabei versteht sich der Begriff der Identität als Summe der Ambition, des Geschäftsmodells und der Kultur eines Unternehmens. Oder mit anderen Worten: Die Identität wird geprägt durch die Ziele eines Unternehmens und die Art und Weise, wie es diese Ziele erreichen will. Anders als Produktmarken richtet sich eine Unternehmensmarke also nicht nur an die Kunden, sondern gleichermaßen an bestehende und potenzielle Mitarbeiter, Anteilseigner und die weitere Öffentlichkeit und Gesellschaft bzw. das Umfeld, in dem das Unternehmen aktiv ist – und das ist heute in der Regel global.

In diesem komplexen Spannungsfeld unterschiedlicher Parteien und Interessen ist die Unternehmensmarke gleichermaßen Anker der Kontinuität und Katalysator der Veränderung – dies war so, setzt sich bis heute fort und wird auch in Zukunft so bleiben. Anders ausgedrückt muss die Unternehmensmarke als Ausdruck der Identität somit gleichermaßen als Konstante in einer sich immer schneller verändernden Welt fungieren als auch Ausdruck der notwendigen Veränderung sein. Ein Spagat, der nicht immer einfach zu lösen ist.

Denn es gilt, dabei drei Dinge in Einklang zu bringen: erstens die Identität, Kultur und Fähigkeiten des Unternehmens. Zweitens die Veränderungen von Märkten und Technologien. Und drittens die Bedürfnisse und Erwartungen der unterschiedlichen Bezugsgruppen.

Im Kontext der Digitalisierung kämpfen Unternehmen dabei oft nicht nur mit dem Erwerb der spezifischen Kompetenzen, die für eine nachhaltige Zukunftssicherung notwendig sind. In den meisten Fällen müssen sie auch ihre Identität und Kultur hinterfragen und weiterentwickeln, damit sie als ‚Legacy' nicht zu einer Barriere wird.

Unternehmen, denen dies erfolgreich gelingt, nutzen ihre Herkunft als starkes Fundament und Verankerung und verändern sich trotzdem im Sinne fortlaufender Innovation permanent weiter. Während Kultur und Werte dabei in der Regel für die Konstanz sorgen, werden Geschäftsmodell und Leistungsangebot immer wieder an die sich verändernden Marktbedingungen und Stakeholdererwartungen angepasst.

Dabei handelt es sich im Prinzip um keine neue Herausforderung der Markenführung. Philip Kotler hat bereits 1967 in seinem Buch *Marketing Management* gefordert, Marketing und Markenführung als markt- und kundengetriebenen Prozess zu begreifen. Aufgrund der disruptiven Kraft der digitalen Transformation ist es heute aber unerlässlich, dieses Paradigma zum absoluten Mantra zu machen – ansonsten ist die Zukunftsfähigkeit des Unternehmens massiv gefährdet. Insofern stehen die eigene Historie und Identität in einem extremen Spannungsfeld zu den immer rasanteren und disruptiveren Veränderungen ganzer Industrien und der Bezugsgruppenbedürfnisse der in ihnen agierenden Menschen – seien es Kunden, Mitarbeiter, Investoren oder die weitere Öffentlichkeit.

Unternehmen, die diese Kraft unterschätzen und nicht in der Lage sind, sich, ihre Identität und ihre Unternehmensmarke entsprechend dieser Veränderungen weiterzuentwickeln, werden – wie z. B. Kodak – untergehen. Denjenigen Unternehmen, die diese Herausforderung annehmen, bietet sich auf Basis der digitalen Transformation aber gleichzeitig die Chance, sich neu zu erfinden, sich neu zu positionieren und so ihre Zukunftszugewandtheit und -fähigkeit über die Unternehmensmarke gegenüber allen Bezugsgruppen zum Ausdruck zu bringen – um Kunden zu überzeugen, Mitarbeiter zu gewinnen, Investoren anzuziehen und gegenüber der Gesellschaft eine gestaltende Rolle einzunehmen.

Aber was ist zu tun, um eine Unternehmensmarke in diesem Sinne inhaltlich weiterzuentwickeln und zu erneuern?

Auch im deutschsprachigen Raum gibt es dafür eine Reihe exzellenter Erfolgsbeispiele – insbesondere in solchen Branchen, in denen die digitale Transformation ihre disruptive Kraft zuerst entwickelt hat:

Axel Springer

Anders als viele andere Verlage, die zunächst eher eine ‚Wait & See'-Strategie verfolgt haben, hat Axel Springer unter Mathias Döpfner sehr früh die disruptive Kraft des Internets als Kommunikations-, Informations- und Interaktions-Medium erkannt und das Unternehmen – auch gegen interne Widerstände – konsequent neu ausgerichtet. Diese Veränderung machte dabei nicht bei Geschäftsmodell und Leistungsangebot Halt, sondern machte auch eine Transformation von Identität und Kultur notwendig (siehe auch Abschn. 5.2). Anders aber als in vielen anderen Unternehmen, in denen die digitale Transformation oft noch als notwendiges Übel betrachtet wird, wurde sie bei Axel Springer als Chance für eine positive Revolution und Sicherstellung der Zukunftsfähigkeit des gesamten Unternehmens positioniert und auch umgesetzt. Dies hat es ermöglicht, die Unternehmensmarke Axel Springer neu aufzuladen und im Wettbewerb um Kunden, Mitarbeiter und Investoren erfolgreich neu zu positionieren. Dies hat – neben den zahlreichen neuen Geschäftsmodellen und Leistungsangeboten – dazu geführt, dass Axel Springer Plug and Play zu den erfolgreichsten und aus Bezugsgruppensicht attraktivsten Incubators & Accelerators in Deutschland zählt, mit dem andere führende Unternehmen in Deutschland – wie z. B. die Deutsche Bank – eng kooperieren (siehe Abschn. 5.5).

Otto Group

Ebenso wie für Axel Springer bedeutete die erste Welle der digitalen Transformation auch für den Otto Konzern eine nachhaltige Disruption von Geschäftsmodell und Identität. Auch hier lässt sich beobachten, dass ein frühzeitiges und vor allem konsequentes Handeln am Ende zum zentralen Erfolgsfaktor wurde. Dabei hat sich Otto nachhaltig von einem reinen Katalogversandhaus zu einem Omni-Channel-Handelsunternehmen entwickelt, das massiv in IT- und Data-Analytics-Infrastruktur investiert und entsprechende Mitarbeiterkompetenzen aufgebaut hat. Im Ergebnis zählt Otto neben Amazon und Alibaba auch heute noch zu den Top 3 Handelsunternehmen weltweit. Auch hier hatte dieser Prozess massive Auswirkungen auf die Identität und Kultur des Hauses, ohne dabei die grundsätzlichen Unternehmenswerte infrage zu stellen. In der Konsequenz ist es auch Otto gelungen, sich als zukunftsorientiertes, technikaffines Unternehmen zu positionieren und seine Unternehmensmarke so neu aufzuladen (siehe Abschn. 5.1).

Weitere Beispiele lassen sich in anderen Branchen bei Unternehmen wie CEWE (Fotografie), BMW (Mobilität) oder auch in zunehmendem Maße bei vielen Dax- und MDax-Unternehmen finden, die die Digitalisierung heute zum Mittelpunkt oder zumindest einem Kernaspekt ihrer Positionierung machen.

Was sich ändert … – Vom Corporate Branding zum Stakeholder Experience Management

Wenn sich also die grundsätzliche Rolle der Unternehmensmarke und ihre Funktion als Identitätsstifter und gleichzeitig Identitätsanker nicht verändert hat, warum ist heute doch alles anders?

Für die Beantwortung dieser Frage spielt die digitale Transformation eine entscheidende Rolle. Sie hat die Strategien, Herangehensweisen und Methoden, um Identitätsstiftung zu betreiben und sich den sich stellenden Herausforderungen zu begegnen, vollkommen verändert – und damit das Instrumentarium für eine erfolgreiche Führung von Unternehmensmarken im 21. Jahrhundert.

Viele Marken wurden in der Vergangenheit eher über die Kommunikation und das Formulieren eines zentralen Markenversprechens geführt. Die Einlösung dieses Versprechens war aber eher selten Aufgabe bzw. lag nicht im Einflussbereich der verantwortlichen Kommunikationsabteilung. Nun könnte man sagen, dass diese Form der Markenführung noch nie wirklich funktioniert hat – auch wenn sie quasi lange als gelebte Best Practice galt. Aber spätestens mit der Digitalisierung erscheint dieser Ansatz vollkommen am Ziel vorbeizuführen, wenn man ihn nicht gar als kontraproduktiv betrachten muss. Und diese Entwicklung macht auch vor Unternehmensmarken nicht Halt. In einem Zeitalter totaler digitaler Transparenz und ständig steigender Kundenerwartungen können sich Unternehmen heute nicht mehr darauf verlassen, dass Mitarbeiter selber Mittel und Wege finden, das Markenversprechen auf allen Ebenen des Leistungsangebotes bzw. über alle Kontaktpunkte hinweg selbstständig einlösen. Das ist schlicht unrealistisch. Stattdessen ist es Aufgabe des Unternehmens, das Bezugsgruppenerlebnis aktiv zu managen.

In der Kommunikation gibt es eine alte Binsenweisheit: „Man kann nicht *nicht* kommunizieren." Das gleiche gilt auch für das Erlebnis der Unternehmensmarke aus Sicht der unterschiedlichen Stakeholder. Die einzelnen Bezugsgruppen erleben ein Unternehmen jeden Tag und mit jeder Interaktion in all seinen Facetten und Dimensionen – im Guten wie im Schlechten. Umso erstaunlicher ist es, dass sich lange Zeit kaum ein Unternehmen damit auseinandergesetzt hat, wie es die Bezugsgruppenwahrnehmung des Unternehmens bzw. die Stakeholder Experience der Unternehmensmarke ganzheitlich steuern kann. Jeden Tag finden die meisten Bezugsgruppenerlebnisse daher oft ‚einfach statt' – weil sich die Verantwortlichen wenig Gedanken darüber gemacht haben, wie die Bezugsgruppen die Interaktion mit dem Unternehmen wahrnehmen (sollen) und ob sie damit zufrieden sind – und das gilt für Kunden, Mitarbeiter, Investoren und die weitere Öffentlichkeit gleichermaßen.

Um dieses Problem zu lösen, haben Unternehmen irgendwann in der Mitte des vergangenen Jahrhunderts damit begonnen, Leitbilder inklusive der Formulierung von Vision, Mission und Werten zu entwickeln, die das Verhalten der Mitarbeiter und damit auch das Bezugsgruppenerlebnis leiten sollten. Diese blieben aber oft viel zu abstrakt, um direkt in die Tat umgesetzt werden zu können. Oder widersprüchliche Ziele und Vorgaben haben ein entsprechendes Verhalten der Mitarbeiter verhindert. Eine aktive Steuerung des Bezugsgruppenerlebnisses blieb damit in vielen Unternehmen leider eher positiv intendierte Ambition als gelebte Realität. Und die Vision, Mission & Values Statements landeten irgendwann auf dem Friedhof der guten Vorhaben, die durch mangelnde oder fehlgeleitete Umsetzung gescheitert sind.

Erst in den letzten Jahren haben einige wenige Unternehmen damit begonnen, sich strukturiert mit dem Management des Bezugsgruppenerlebnisses auseinanderzusetzen – und auch dies in der Regel leider eher noch siloorientiert und isoliert in Bezug auf die vier Kernbezugsgruppen Kunden, Mitarbeiter, Investoren und die weitere Öffentlichkeit. Vorreiter waren hier oft die Marketingabteilungen, die sich immer stärker mit den Möglichkeiten einer nachhaltigeren Einlösung des Markenversprechens durch das Kundenerlebnis – der sogenannten Customer Experience – beschäftigt und dazu entsprechende Methoden und Instrumente entwickelt haben.

In diesem Zusammenhang ist das Konzept der Customer Touchpoints (der einzelnen Kontakt- und Interaktionspunkte des Kunden mit einer Marke bzw. einem Unternehmen) und Customer Journeys (dem Zusammenspiel all dieser Touchpoints) entstanden. Diese Methodologie ermöglicht es, das Kundenerlebnis in seiner Gesamtheit zu erfassen und die Rolle unterschiedlicher Touchpoints sowie ihrer Beziehungen untereinander besser zu verstehen. Weiterhin lässt sich analysieren, welche Interaktionen aus Kundensicht befriedigend sind, wo es Brüche gibt und wo sich Probleme (Pain Points), unbefriedigte Bedürfnisse (Un-met Needs) und Momente der Wahrheit (Moments of Truth) finden lassen. Customer Journeys ermöglichen darüber hinaus auch, gezielt das hinter jedem Interaktionspunkt liegende Business Ecosystem zu betrachten – also die komplexe Kombination aus Menschen, Prozessen, Ressourcen, Technologien etc., die jedem Customer Touchpoint zugrunde liegt. Dies ist wichtig, um in der Folge die richtigen Erfolgsfaktoren (Touchpoint Metrics) zu identifizieren und die Kosten (Cost to Serve) berechnen zu können.

Diese Methodologie eignet sich natürlich ebenso gut für alle anderen Bezugsgruppen wie Mitarbeiter, Investoren oder die weitere Öffentlichkeit – nicht nur die Kunden. Dies hat dazu geführt, dass der Customer-Journey-Ansatz heute u. a. auch im Personalwesen als wichtiges Tool für die Analyse und Steuerung des Mitarbeitererlebnisses genutzt wird und dort unter dem Begriff ‚Employee Journey' zu einem zentralen Steuerungsinstrument in der Zusammenarbeit zwischen Kommunikation, HR, Knowledge Management und Training geworden ist.

Auch in Bezug auf Investoren und die weitere Öffentlichkeit lässt sich dieser Ansatz im Sinne eines integrativen Managements der Stakeholder Experience anwenden.

Hypothese #1: Das klassische Corporate Branding hat ausgedient und wird in erfolgreichen Unternehmen durch ein gezieltes und unternehmensübergreifendes Management der Stakeholder Experience(s) abgelöst werden

Die Problematik der heute genutzten Stakeholder Journey Maps ist allerdings, dass sie, um Komplexität zu reduzieren und die verschiedenen Touchpoints in eine sinnvolle Reihenfolge zu bringen, entlang der Zeitachse in unterschiedliche Phasen unterteilt und dabei ‚zwangslinearisiert' werden. Dabei werden in der Regel die spezifischen Stakeholder Journeys, z. B. unterschiedlicher Kundensegmente oder Mitarbeitergruppen, betrachtet, was wiederum eine Dokumentation von ‚Durchschnittsverhalten' impliziert. Dies führt zu einer eher holzschnittartigen Betrachtung der Realität, die aber für ein grundsätzliches Verständnis der Stakeholder Experience im ersten Schritt trotzdem hilfreich ist.

Das Erleben einer Unternehmensmarke aus Sicht einzelner Bezugsgruppen ist in Wirklichkeit allerdings viel komplexer, als dies in herkömmlichen Stakeholder Journey Maps darstellbar wäre. Ihr Erleben bzw. Verhalten ist weder statisch noch linear. Derartige Maps erwecken aber oft den Eindruck, die Stufen des Interaktions- bzw. Entscheidungsprozesses und die Abfolge der Touchpoints seien in Stein gemeißelt. Dabei springen Stakeholder in der Realität häufig zwischen unterschiedlichen Stufen hin und her und verhalten sich auch nicht in jeder Situation gleich. Darüber hinaus ändert sich ggf. auch ihre Rolle bzw. einzelne Personen gehören unterschiedlichen Bezugsgruppen gleichzeitig an. Wer heute noch Kunde ist, wird morgen vielleicht Mitarbeiter. Oder wer Mitarbeiter ist, ist gleichzeitig Kunde des eigenen Unternehmens, besitzt als Investor einige Aktien und seine Familie lebt im unmittelbaren Umfeld einer großen Produktionsstätte des Unternehmens – man denke z. B. an BASF in Ludwigshafen oder BMW in München – und ist damit Teil der weiteren Öffentlichkeit. Damit wird ein zielgerichtetes Management der ‚Stakeholder Relations & Experiences' zu einer sehr komplexen Aufgabe, die die Vernetzung vieler Beteiligter im Unternehmen notwendig macht.

Daher sollte man die Digitalisierung in diesem Kontext nicht nur als Herausforderung begreifen, sondern sollte in ihr auch einen Teil der Lösung sehen. Denn die einzige Konstante in diesem komplexen Prozess ist der Aspekt Zeit. Entsprechend kreieren die einzelnen Interaktionen zwischen Unternehmensmarke und den unterschiedlichen Bezugsgruppen ‚Events', die sich entsprechend in einem ‚Stakeholder Log' tracken und analysieren lassen. Aus der Abfolge der Interaktionen bzw. Events ergibt sich so theoretisch für jeden Stakeholder ein individuelles Verhaltens- bzw. Interaktionsprofil. Und auch wenn Sie dies beim Lesen an George Orwell erinnert, rede ich hier über eine Realität, die wir alle noch in nicht allzu ferner Zukunft erleben werden.

Ein weiterer wichtiger Grund, Stakeholder Journeys nicht als gegeben und statisch zu betrachten, ist, dass es natürlich im Interesse jedes Unternehmens liegt, die Interaktion mit seinen Bezugsgruppen aktiv zu gestalten. Soll der Kunde ein Produkt im Laden oder im E-Shop kaufen? Soll sich ein Bewerber im Internet informieren oder die Personalabteilung anrufen? Wie lassen sich am besten die Wahrnehmung und das Verhalten von potenziellen Investoren steuern? Jede Stakeholder Journey ist also im Prinzip ein kontinuierlicher Entscheidungsbaum, bei dem der jeweilige Kunde, Mitarbeiter oder Investor nach jedem Schritt entscheidet, was er als Nächstes tut. Im Sinne von ‚Next Best Actions' lässt sich dieser Prozess aktiv beeinflussen. Unternehmen sollten also ihr Angebot und Auftreten gegenüber einzelnen Bezugsgruppen nicht nur an heute tatsächlich existierende Stakeholder Journeys anpassen, sondern versuchen, deren Verhalten aktiv zu beeinflussen – und dabei natürlich gleichzeitig versuchen, das bestehende Bezugsgruppenerlebnis kontinuierlich zu verbessern.

Die Basis, die ein solches, bis heute ja nur theoretisch denkbares ‚Stakeholder Log' überhaupt erst ermöglicht, bilden Digitalisierung, Big Data und das Internet der Dinge. Die digitale Welt hat für Unternehmen und ihre Unternehmensmarken zahlreiche neue Kanäle und Touchpoints geschaffen, die zwar das Stakeholder Experience Management komplexer machen, gleichzeitig aber auch neue Formen der Interaktion ermöglichen. Viele Unternehmen kämpfen heute noch mit den Herausforderungen der digitalen Transformation und versuchen, die sich bietenden Potenziale zu erschließen – ein oft schmerzhafter Anpassungsprozess, der bestehende Geschäftsmodelle und Kommunikationsstrategien infrage stellt. Für das Stakeholder Experience Management bietet die Digitalisierung aber das Potenzial, das Bezugsgruppenverhalten immer besser zu analysieren und zu verstehen – um darauf entsprechende Strategien und Umsetzungsmaßnahmen aufzusetzen. Die Zahl der verfügbaren Datenpunkte wird dabei exponentiell steigen. Mehr als 30 Jahre nach der Begründung von Moore's Gesetz stehen wir hier quasi noch ganz am Anfang der technologischen Möglichkeiten.

Dank des neuen Datenreichtums werden in den kommenden Jahren traditionelle Ansätze für die Segmentierung von Bezugsgruppen an Bedeutung verlieren und die Vision des ‚Segment of One' wird Realität werden. In Zukunft werden Unternehmen über eine Vielzahl von Daten verfügen, wie Menschen mit ihnen und ihren Unternehmensmarken interagieren. Auf dieser Grundlage lässt sich dann mit Hilfe von Predictive Analytics das Bezugsgruppenverhalten vorhersagen und für jeden einzelnen Stakeholder ein individuelles Erlebnis kreieren.

Das Management solcher Datenmengen bringt große Herausforderungen mit sich, eröffnet gleichzeitig aber auch vollkommen neue Möglichkeiten. Während das Management vieler Unternehmensmarken früher von Intuition und Bauchgefühl getrieben war, entwickelt es sich nun immer stärker zu einer technologiebasierten Unternehmensfunktion.

Hypothese #2: Das Management von Unternehmensmarken wird im Zeitalter der Digitalisierung in bisher nicht vorstellbarem Maße zu einer vernetzten und datengetriebenen Disziplin

Marketingtechnologie und Big Data bringen tief greifende Veränderungen mit sich, die Kommunikationsabteilungen zwingen, ihre ‚Stakeholder Intelligence' neu aufzustellen. Dies umfasst gleichermaßen die Analyse heutiger Bezugsgruppenbedürfnisse als auch die frühzeitige Identifikation und Antizipation von Veränderungen im Sinne von Trend Scouting und Forcsighting.

In der Marktforschung und im Innovationsmanagement hat hier bereits eine Umstellung von traditionellen qualitativen und quantitativen Methoden auf Design-Thinking-Ansätze wie Ethnografie und Co-Creation stattgefunden. In Zukunft werden diese aber zusätzlich um verhaltensbasierte Ansätze auf Basis von ‚Behavioral Data' ergänzt werden. Denn tatsächliche Verhaltensdaten sind erheblich präziser und lassen sich darüber hinaus modellieren und analysieren, um künftiges Verhalten zu prognostizieren und so aktiv in Realtime zu beeinflussen.

Mit anderen Worten: Big Data wird eine Renaissance quantitativer Methoden bringen, allerdings in einer völlig neuen Dimension. Die Analyse von Bezugsgruppenbedürfnissen und -verhalten muss sich nicht mehr nur auf die Aussagen von Kunden, Mitarbeitern oder Investoren verlassen, was sie getan haben bzw. zu tun intendieren, sondern das tatsächliche Verhalten kann direkt erfasst werden. Qualitative Ansätze wie ethnografische Methoden werden allerdings weiterhin gebraucht, um nicht nur herauszufinden, was die Menschen tun, sondern auch warum.

Die Bedeutung von Daten und der Fähigkeit, diese gezielt auszuwerten, wird also rasant wachsen, bietet aber in den wenigsten Fällen selbst die Lösung. In dem Maße, wie Unternehmen Daten nutzen, um bestehende Stakeholder Journeys zu optimieren und Pain Points zu beseitigen, werden auch die Ansprüche der Stakeholder steigen, was sie als ein gutes Erlebnis betrachten und was nicht. Und so sehr Daten dabei helfen können, Bezugsgruppenbedürfnisse und -verhalten besser zu verstehen, können sie doch keine neuen, innovativen Geschäftsmodelle oder Stakeholder Experiences kreieren. Dazu braucht es weiterhin die Kreativität und Ideen von Menschen.

Entsprechend sollten Unternehmen neben den Millionen, die sie in digitale Technologien investieren müssen, weiterhin auch ihre Mitarbeiter und deren Fähigkeiten in den Fokus stellen. Sie müssen sich darum bemühen, die schlauesten und kreativsten Köpfe für sich zu gewinnen, um innovative neue Lösungen zu kreieren und bessere Bezugsgruppenerlebnisse zu schaffen, die sie in einem zunehmend kompetitiven Umfeld nachhaltig von ihren Wettbewerbern differenzieren und gleichzeitig die wachsenden Ansprüche der Stakeholder erfüllen.

Aus kommunikativer Sicht geht es dabei aber nicht nur um konkrete Leistungsangebote für Kunden, Mitarbeiter oder Investoren – wie die Ausgestaltung von Produkten, Arbeitsplätzen oder Investitionsmöglichkeiten. Es geht genauso um die Art der Kommunikation und das Storytelling. Dabei gilt es, Fragen zu beantworten, wie: Was sind die besten Kanäle, um zu einem bestimmten Zeitpunkt am effizientesten und effektivsten mit einer Zielgruppe zu interagieren (Channel Management)? Und was sind die situativ relevantesten Inhalte (Content Management)? Oder, etwas einfacher ausgedrückt, die eingangs formulierte Frage: Wofür wollen wir als Unternehmen stehen? Und über welche Geschichten und Inhalte können wir dies authentisch, glaubwürdig und attraktiv vermitteln? Und auch diese Fragen gelten natürlich gleichermaßen Kunden, Mitarbeitern, Investoren und der weiteren Öffentlichkeit – sie müssen insgesamt und jeweils bezugsgruppenspezifisch beantwortet werden.

Gleichzeitig lassen sich diese Fragen nicht grundsätzlich, sondern nur fortlaufend, situativ und kontextbezogen beantworten. Mit anderen Worten: Sämtliche Strategien, Kanäle und Inhalte bedürfen einer kontinuierlichen Überprüfung und Weiterentwicklung – von ‚Social Media' zu ‚Social Selling', von ‚Omni-Channel' zu ‚IoT', von ‚Management by Committee' zu ‚Artificial Intelligence' und ‚Machine Learning'.

Hypothese #3: Die Digitalisierung kann die notwendige menschliche Kreativität im Markenführungsprozess von Unternehmensmarken nicht ersetzen, schafft aber vollkommen neue Möglichkeiten für Channel Management, Content Management und Storytelling

Daten können Unternehmen also zwar helfen, neue Lösungen zu entwickeln, aber sie werden auf absehbare Zeit lediglich Input für einen kreativen Problemlösungsprozess bleiben, der immer noch auf menschlicher Intuition, Kreativität und intellektueller Leistung basiert.

Aus Sicht des Unternehmens ist es daher in Zeiten, in denen kleine Start-ups mit ein paar Programmierern ganze Industrien auf den Kopf stellen können, notwendig, nicht nur ein Umfeld zu schaffen, in dem sich Inspiration, Kreativität und Ideen entfalten können, sondern auch neue, flexiblere und agilere Formen der Zusammenarbeit zu etablieren. Dabei sollte sich ein Unternehmen auch nicht mehr als abgeschlossene Einheit betrachten, sondern es gilt, Fragen rund um Make-or-Buy, Partnering, Co-Development etc. zu klären und entsprechende offene Modelle zu entwickeln, welche die Time-to-Market erhöhen – und das Unternehmen so wettbewerbsfähig halten.

Die Digitalisierung verfolgt in den Augen ihrer ‚Erfinder' im Silicon Valley bereits das Ziel, das Leben von Menschen zu vereinfachen und zu verbessern. Dieselbe Rolle sollte die Nutzung von Technologie auch für die Interaktion von Menschen in Unternehmen – und zwischen Unternehmen und ihren Bezugsgruppen – haben. Im Sinne einer ganzheitlichen Stakeholder Experience spielen also auch hier Daten und Digitalisierung eine wichtige Rolle, um die Vision eines besseren Bezugsgruppenerlebnisses überhaupt realisierbar zu machen.

Das Konzipieren und Einlösen eines ganzheitlichen Bezugsgruppenerlebnisses für das 21. Jahrhundert wird die Arbeitsweise von Unternehmen deshalb auf zweierlei Weise verändern: Erstens stellt die digitale Transformation bestehende Arbeitsprinzipien, Organisationsstrukturen und Governance-Modelle infrage. Gleichzeitig erfordert eine so grundlegende Veränderung auch einen kulturellen Wandel sowie neue Kompetenzen und

Fähigkeiten der Mitarbeiter. Ansonsten ist es unmöglich, Mitarbeiter in die Lage zu versetzen, Teil der Transformation zu werden und sie aktiv zu unterstützen.

Zweitens besitzen die meisten Unternehmen heute nicht die Strukturen, um ein ganzheitliches und nahtlose Stakeholder Experience Management zu realisieren. Unterschiedliche Abteilungen, Verantwortungsbereiche und Egos stehen diesem Ziel im Weg. Hier ist es wichtig, Silos zu überbrücken und Hürden zu beseitigen, um sowohl die Bedürfnisse der unterschiedlichen Bezugsgruppen zu erfüllen als auch die Effizienzziele des Unternehmens zu erreichen.

In vielen Fällen ist es aber schlicht unmöglich, das gesamte Unternehmen und seine Organisationsstruktur im Sinne einer virtuellen, agilen und vernetzten Organisation von heute auf morgen komplett umzukrempeln. Deshalb geht es nicht ohne ein entsprechendes Internal Engagement und Change-Management sowie neue Wege der bereichs- und funktionsübergreifenden Zusammenarbeit. Auch hier können die Digitalisierung und neue Technologien ein Wegbereiter sein – zum Beispiel durch die gemeinsame Nutzung von Daten, Plattformen, Prozessen, Technologien usw. Und auch hier lassen sich Daten nutzen, um bisher getrennte Bereiche effizienter zusammenarbeiten zu lassen.

Hypothese #4: Unternehmen müssen neue, flexible und vernetzte Arbeitsmethoden etablieren, um das Management ihrer Unternehmensmarken zielgerichtet zu optimieren, relevante Bezugsgruppenerlebnisse zu realisieren und im digitalen Zeitalter überleben zu können
Der Diskurs macht klar, dass die Digitalisierung weitreichende Auswirkungen auf das Management von Unternehmensmarken im 21. Jahrhundert hat – ohne dabei ihre grundsätzliche Rolle und die Gesetzmäßigkeiten einer erfolgreichen Markenführung infrage zu stellen. Trotzdem muss die in der Regel federführende Unternehmenskommunikation sich vollkommen neu aufstellen und sich über agile und interdisziplinäre Formen der internen Zusammenarbeit mit anderen Unternehmensbereichen vernetzen, um den wachsenden Erwartungen und Bedürfnissen der unterschiedlichen Bezugsgruppen gerecht zu werden und diesen eine authentische, sinnstiftende und differenzierende Stakeholder Experience unter dem Dach der Unternehmensmarke zu ermöglichen.

Über die Autoren

Klaus Heiermann, ARAG SE, ist Generalbevollmächtigter des Düsseldorfer Versicherungsunternehmens. Er verantwortet Konzernkommunikation/PR, Marke, Marketing und Politik. In dieser Funktion betreut er auch 16 Auslandsmärkte, auf denen die ARAG aktiv ist. Er gehört zum Board of Directors der ARAG North America in Des Moines. Klaus Heiermann gehört dem Beirat des sich im Aufbau befindlichen #InsurLab Germany mit Sitz in Köln an. Die digitale Transformation sieht er als große Chance zur Stärkung von Unternehmensmarken. Dazu muss aber die Trennung zwischen Unternehmenskommunikation/PR und Marketing überwunden werden. Seit 2009 führt Heiermann einen integrierten Marken- und Kommunikationsbereich bei der ARAG. Vor seinem Wechsel in die Assekuranz war er in der Energiewirtschaft für den damaligen RAG Konzern in Essen tätig, zuletzt als Leiter der Hauptstadtrepräsentanz in Berlin.

Felix Stöckle gehört zu den profiliertesten Markenexperten in Deutschland und hat sich auf kundenorientierte Unternehmensführung und Geschäftsmodellinnovation spezialisiert – um so einzigartige Kundenerlebnisse, nachhaltige Wettbewerbsvorteile und profitables Wachstum zu realisieren. Er war zuletzt Partner bei Prophet, einer der weltweit führenden Unternehmensberatungen für Marketing und Branding. Zuvor war er Geschäftsführer bei Landor, Interbrand und Henrion Ludlow Schmidt. Seine Karriere begann er bei Springer & Jacoby. Er hat u. a. Airbus, Axel Springer, BASF, BMW, comdirect, Deutsche Bank, E.ON, ERGO, Henkel, IKEA, Johnson & Johnson, Lufthansa, OSRAM, Roche, Sanofi, TUI und Volkswagen in Bezug auf die Entwicklung von Wachstumsstrategien, die Innovation ihrer Geschäftsmodelle, die Weiterentwicklung ihrer Markenstrategien sowie die digitale Transformation ihres Marketings beraten.